学测量放线与计算
超简单

阳鸿钧 等 编著

化学工业出版社

·北京·

内 容 简 介

本书采用图解的方式详细讲解了测量放线与计算技能，突出实用，同时对接职场技能，从而达到学以致用的目的。

本书详细介绍了测量基础，测量工具与测量仪器，施工测量放线放样基础，距离、角度与水准测量放线与计算，建筑施工、建筑物变形测量放线与计算，公路道路、管道工程测量放线与计算等内容，同时附录中提供了测量放线公式速查，经纬仪、全站仪错误代码与处理，测量、放样记录表模板等资料。

本书可供建设工程施工测量工、放线工、施工员、技术员，以及其他工程技术人员、社会自学人员使用，也可作为高等院校、大中专职业院校、技校、培训班等的学习教材或参考用书。

图书在版编目（CIP）数据

学测量放线与计算超简单 / 阳鸿钧等编著 . -- 北京：化学工业出版社，2024. 11. -- ISBN 978-7-122-46396-8

Ⅰ．TU198

中国国家版本馆 CIP 数据核字第 2024GJ7653 号

责任编辑：彭明兰　　　　　　　文字编辑：冯国庆
责任校对：李露洁　　　　　　　装帧设计：刘丽华

出版发行：化学工业出版社
　　　　　（北京市东城区青年湖南街 13 号　邮政编码 100011）
印　　装：中煤（北京）印务有限公司
787mm×1092mm　1/16　印张 11　字数 250 千字
2025 年 3 月北京第 1 版第 1 次印刷

购书咨询：010-64518888　　　　　　售后服务：010-64518899
网　　址：http://www.cip.com.cn
凡购买本书，如有缺损质量问题，本社销售中心负责调换。

定　　价：58.00 元

版权所有　违者必究

　　测量放线是工程施工中必备的技能之一，不仅需要掌握操作和规范，还需要具备计算能力。工程测量是一项至关重要的工作，需要保证准确无误，即使是细微的偏差也可能导致工程返工甚至报废。因此，我们应该重视学习测量放线的重要性以及在工作中的严谨性。

　　为了方便读者轻松快速学习测量放线技能，并专注于突破测量放线中的关键难点——计算，我们特意策划了本书。本书采用图文结合、案例融合、精要精讲的形式，旨在实现学业与就业的无缝衔接，让学习效果达到"轻松通"的目标。

　　本书共分为6章，详细介绍了测量基础，测量工具与仪器，施工测量放线与放样基础，距离、角度与水准测量放线与计算，建筑施工、建筑物变形测量放线与计算，公路道路、管道工程测量放线与计算等内容。同时，附录中提供了测量放线公式速查，经纬仪、全站仪错误代码与处理，测量、放样记录表模板等资料。本书具有如下特点。

　　（1）高效且高能。全书采用图解形式，将重点内容引线标示，便于高效学习测量放线技术，并满足工地职场技能要求。

　　（2）理论扎实、案例丰富。全书通俗易懂，以精讲理论为主，配有案例和视频，同时还附有大量的试题和表格，以便于达到举一反三的学习效果。

　　（3）全面介绍，并解决难点。全书不但精讲测量放线基本技能，更针对难点、重点的计算与计算方法、计算公式进行了讲解与应用。

　　（4）不仅涵盖建筑，还包括其他工程领域。本书不仅介绍了建筑工程测量放线与计算技能，还对公路、道路以及管道工程等领域的测量放线与计算进行了必要的讲解。

　　在编写本书的过程中，我们参考了一些珍贵的资料、文献和网站，在此向这些作者深表谢意！此外，本书还参考了相关的标准、规范、要求、政策和方法，以确保内容的新颖性和符合当前的需求。

　　本书的编写得到了许多同行、朋友和相关单位的帮助和支持，在此向他们表示衷心的感谢！本书由阳鸿钧、阳育杰、阳许倩、许四一、阳红珍、许小菊、阳梅开、阳苟妹、欧小宝、许满菊、许秋菊等人参与了部分编写或提供相关的支持和辅助工作。

　　由于时间有限，书中难免存在不足之处，请批评指正。

目录

第4章　距离、角度与水准测量放线与计算　　58

第5章　建筑施工、建筑物变形测量放线与计算　　77

第6章 公路道路、管道工程测量放线与计算 101

附录1 测量放线公式速查 125

附录2 经纬仪、全站仪错误代码与处理 133

附录 3　测量、放样记录表模板 　　　　　137

增值资源汇总 　　　　　164

参考文献 　　　　　165

第1章
测量基础

1.1 测量综述

1.1.1 测量的概念

测量，就是对自然地理要素或者地表人工设施的形状、大小、空间位置及其属性等进行测定、采集、表述，以及对获取的数据、信息、成果进行处理与提供的一种活动。

工程测量，就是建设工程规划、设计、施工、使用中的测量活动，包括控制测量、现状测量、工程放样、变形监测，以及相应的信息管理服务等工作活动。

测量具体包括测定（测绘）和测设（放样），如图1-1所示。

测定（测绘），就是确定地表点在某坐标系中坐标的工作，其特点是先在地表设定点的实际位置，再确定其坐标。

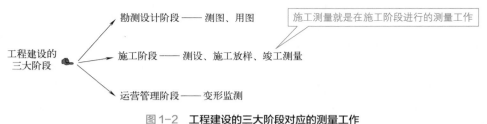

测定(测绘)：地面 ☞ 图纸

测设(放样)：图纸 ☞ 地面

图1-1　测量

测设（放样），就是根据设计图纸、规划方案，通过测量手段将设计意图转化为实际工程中的位置与形状的过程。

工程建设的三大阶段对应的测量工作如图1-2所示。

勘测设计阶段 —— 测图、用图

工程建设的
三大阶段 —— 施工阶段 —— 测设、施工放样、竣工测量

施工测量就是在施工阶段进行的测量工作

运营管理阶段 —— 变形监测

图1-2　工程建设的三大阶段对应的测量工作

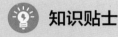 **知识贴士**

测设（放样）三个基本量：水平距离、水平夹角、高差。通过测设水平距离、水平夹角来放样点的平面位置 X、Y，通过测设高差来放样点的高程。

1.1.2   常用的距离测量方法与比较

距离是指两点间的直线长度。水平面上两点间的距离，叫作水平距离（简称平距）。不同高度上两点间的距离，叫作倾斜距离（简称斜距），如图1-3所示。

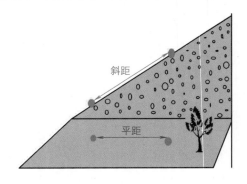 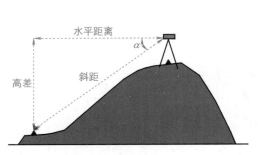

图1-3   平距与斜距

工程测量常见的测量工作包括距离测量。距离测量是确定地面点位时的基本测量工作之一。

常用的距离测量方法有卷尺（皮尺、钢尺）量距、视距测量、电磁波测距等。各种测距方法适合不同情况和不同精度要求，应根据具体需要选择合适的测距方法。距离测量各方法的精度如图1-4所示。建筑工程施工测量中，常采用钢尺量距方法等。

钢尺量距方法 ➡ 精度为1/1000至几万分之一

视距测量方法 ➡ 精度为1/200～1/300

GPS测量方法 ➡ 精度为几万分之一到几十万分之一

电磁波测距方法 ➡ 精度为几千分之一到几十万分之一

图1-4   距离测量各方法的精度

三种测距方法的比较如图1-5所示。

卷尺丈量   特点 ☞ 劳动强度大，工作效率低，受地形影响大，精度为1/1000～1/4000

视距测量   特点 ☞ 观测速度快，操作方便，不受地形限制，测程小，精度为1/200～1/300，精密测量1/2000，广泛应用在地形测量中

光电测距   特点 ☞ 观测速度快，测程大，不受地形影响，精度极高

图1-5   三种测距方法的比较

知识贴士

　　精密工程测量，就是采用精密的设备和仪器进行测量，它的绝对精度达到毫米量级，相对精度达到 10^{-5} 量级。

1.1.3　视距测量

　　视距测量是指用有视距装置的仪器、标尺，根据光学、三角测量的原理，测定测站到目标点水平距离的一种方法。

　　视距测量可以分为定角视距、定长视距，如图 1-6 所示。

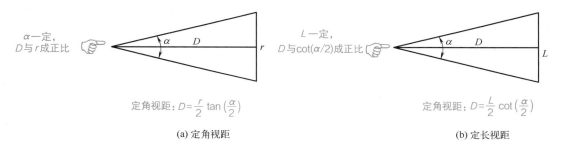

α 一定，
D 与 r 成正比

定角视距：$D = \dfrac{r}{2}\tan\left(\dfrac{\alpha}{2}\right)$

(a) 定角视距

L 一定，
D 与 $\cot(\alpha/2)$ 成正比

定角视距：$D = \dfrac{L}{2}\cot\left(\dfrac{\alpha}{2}\right)$

(b) 定长视距

图 1-6　视距测量

D—测定测站到目标点水平距离

 知识贴士

　　普通视距测量的精度一般为 1/200 ~ 1/300，不受地形起伏限制，可以同时测定距离与高差，广泛应用于测距精度要求不高的地形测量中。

1.1.4　电磁波测距

　　电磁波测距是指以电磁波为载波来传输测距信号的距离测量。电磁波测距的分类如图 1-7 所示。电磁波测距基本原理如图 1-8 所示。

　　红外光测距仪、激光测距仪又称为光电测距仪。光波在真空中的传播速度 c_0 是一个重要的物理量，近代科学实验精确测定：$c_0 = (299792458.0 \pm 1.2)\,\text{m/s}$。

　　光波在大气中的传播速度 c 的计算公式为

$$c = \frac{c_0}{n} \quad n = f(\lambda_{\text{g}}, t, p)$$

式中　　n——大气折射率；

　　　　λ_g——光波波长；

　　　　t,p——大气温度及气压。

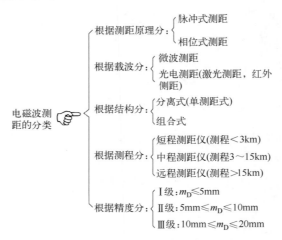

图1-7　电磁波测距的分类

通过测定电磁波在待测两点的距离上往返一次的传播时间 t，
并且根据电磁波在大气中的传播速度 c，计算出两点间的距离

计算公式：
$$D=ct/2$$

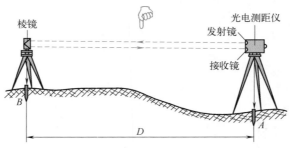

图1-8　电磁波测距基本原理

D—A、B 两点水平距离

　　大气温度、气压影响光波的折射率，从而影响光速、光电测距的计算，并且其影响与距离的长度成正比。为此，长距离的精密测距需要用空盒气压计、通风干湿温度计（如图1-9所示）测定当时的气温、气压，以便提高准确度。一般情况下只需要进行温度改正。

图1-9　空盒气压计与通风干湿温度计

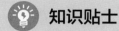 **知识贴士**

光速接近 300000km/s，地面两点间传播时间极短，如果直接测定时间，几乎不可能。为此，需要将光波用高频电振荡调制，用脉冲法、相位法等间接测定两点间光波传播时间。

1.2 距离的相关改正

1.2.1 距离的相关改正的计算公式

为了保证测量结果的精度，必须对距离进行尺长改正、温度改正、倾斜改正，如图 1-10 所示。其中，公式中 D 表示改正后的距离，D_0 表示未改正的距离。

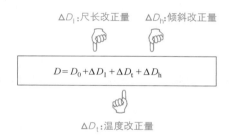

ΔD_1:尺长改正量　　ΔD_h:倾斜改正量

$$D = D_0 + \Delta D_1 + \Delta D_t + \Delta D_h$$

ΔD_t:温度改正量

图 1-10　对距离进行改正

1.2.2 尺长改正

由于钢尺的制造误差、长期使用等原因会产生变形，使得钢尺的名义长度与实际长度不一致。为此，需要进行尺长改正，如图 1-11 所示。

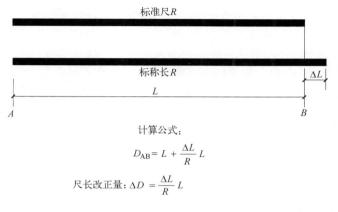

标准尺 R

标称长 R

计算公式：

$$D_{AB} = L + \frac{\Delta L}{R} L$$

尺长改正量：$\Delta D = \frac{\Delta L}{R} L$

图 1-11　尺长改正

知识贴士

水准标尺尺长改正的具体步骤如下。

① 将母线分成若干等分，并测出每个等分的长度，计算出母线的总长度。

② 利用测量仪器对水准标尺的实际长度进行测量。

③ 根据测量结果，计算出实际长度与母线长度之差。

④ 根据温度、大气压力对测量结果的影响，计算出尺长改正值。

水准标尺在进行尺长改正时，需要满足的一些条件如下。

① 水准标尺的使用温度与校准温度相同。

② 使用水准标尺的大气压力与校准时的大气压力相同。

③ 水准标尺在进行校准前应经过足够的恒温处理。

④ 进行校准时，应保持母线及水准标尺处于同一平面上，并且在校准过程中应避免有振动产生。

1.2.3 温度改正

作业温度与标准温度不同会引起尺长变化。为此，需要进行尺长改正，有关计算公式如图 1-12 所示。

t：作业温度　　　t_0：标准温度

$$\Delta D_t = D_0 (t - t_0) \alpha$$

α：钢尺膨胀系数

图 1-12　温度改正计算公式

 知识贴士

全站仪测距的温度和气压改正，通常是指开机后将观测时的温度和气压输入全站仪，仪器自动对距离进行温度和气压改正。

1.2.4 倾斜改正

若端点不在同一水平面上，则需要进行倾斜改正，如图 1-13 所示。

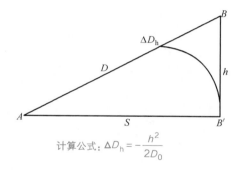

计算公式：$\Delta D_h = -\dfrac{h^2}{2D_0}$

图 1-13　倾斜改正

1.3　直线定向

1.3.1　标准方向线

直线定向是指确定直线与标准方向线间的水平角度关系的过程，也就是确定直线的方向角度。标准方向线（三北方向线）有真子午线方向、磁子午线方向、标纵轴方向，如图 1-14 所示。

真子午线方向可以用天文测量的方法或用陀螺经纬仪方法测定。磁子午线方向可以用罗盘仪测定。

我国采用高斯平面直角坐标系，其每一投影带中央子午线的投影为坐标纵轴方向，也就是 X 轴方向。平行于高斯投影平面直角坐标系 X 坐标轴的方向就是坐标纵线方向。

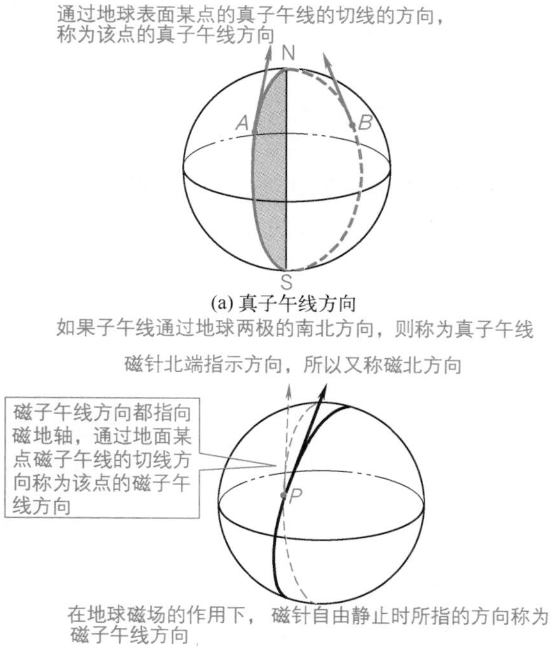

通过地球表面某点的真子午线的切线的方向，称为该点的真子午线方向

N

A　　B

S

(a) 真子午线方向

如果子午线通过地球两极的南北方向，则称为真子午线

磁针北端指示方向，所以又称磁北方向

磁子午线方向都指向磁地轴，通过地面某点磁子午线的切线方向称为该点的磁子午线方向

P

在地球磁场的作用下，磁针自由静止时所指的方向称为磁子午线方向

(b) 磁子午线方向(磁北方向)

图 1-14

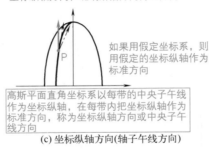

(c) 坐标纵轴方向(轴子午线方向)

图 1-14   直线定向

 知识贴士

① 子午线——就是通过地面某点,并且包含地球北极点的平面与地球表面的交线。

② 中央子午线——就是地图投影中各投影带中央的子午线。

③ 任意中央子午线——就是选择任意一条子午线为某区域的中央子午线。

④ 子午线收敛角——就是地面上经度不同的两点所作子午线间的夹角。

⑤ 高斯平面直角坐标系——就是根据高斯－克吕格投影所建立的平面直角坐标系。

⑥ 独立坐标系——就是任意选用原点和坐标轴的平面直角坐标系。

⑦ 建筑坐标系——就是坐标轴与建筑物主轴线成某种几何关系的平面直角坐标系。

⑧ 坐标变换——就是将某点的坐标从一种坐标系换算到另一种坐标系的过程。

1.3.2   方位角的定义与分类

测量中常用方位角表示直线的方向。从直线起点的标准方向的北端开始,顺时针方向量到直线的水平夹角,就是该直线的方位角。直线方位角值范围为 0°~360°,如图 1-15 所示。

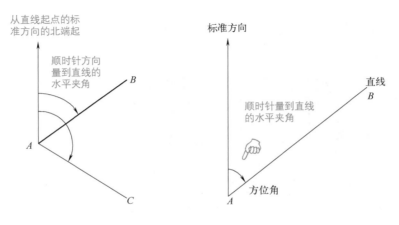

图 1-15   方位角

方位角的分类如图 1-16 所示。直线方位角，也可以说是以坐标原点为中心，从坐标 Y 轴顺时针旋转到直线的角度。

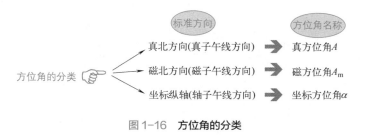

图 1-16　方位角的分类

 知识贴士

　　由于地面各点的真北（或磁北）方向互不平行，如果用真（磁）方位角表示直线方向会给方位角的推算带来不便。为此，在一般的测量工作中，常采用坐标方位角来表示直线方向。

1.3.3　方位角之间的关系

　　磁南北极与地球的南北极不重合，为此，过地球上某点的真子午线与磁子午线是不重合的。同一点的磁子午线方向偏离真子午线方向某一个角度叫作磁偏角，一般用 δ 表示，如图 1-17 所示。

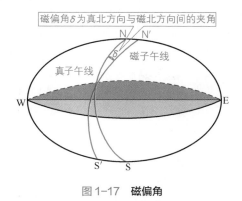

图 1-17　磁偏角

同一直线的三种方位角之间的关系如图 1-18 所示。

$$A = A_m \pm \delta$$
$$A = \alpha \pm \gamma$$
$$A_m = \alpha \pm \delta \pm \gamma$$

式中　A——真方位角；

　　　A_m——磁方位角；

α ——坐标方位角；

δ ——磁偏角；

γ ——子午线收敛角。

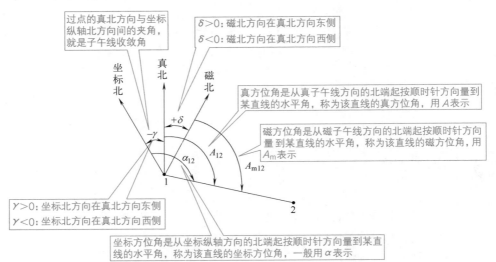

图1-18   同一直线的三种方位角之间的关系

1.3.4   正反坐标方位角

　　测量工作中的直线是具有一定方向的。例如，直线AB，A点为起点，B点为终点，则直线AB的坐标方位角α_{AB}，叫作直线AB的正坐标方位角。直线BA的坐标方位角α_{BA}，叫作直线AB的反坐标方位角，即直线BA的正坐标方位角。经过分析，发现α_{AB}与α_{BA}相差180°。正反坐标方位角与其计算公式如图1-19所示。

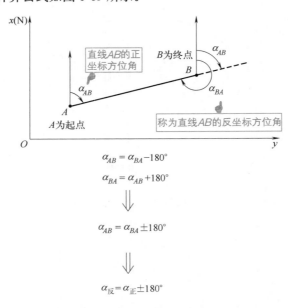

$$\alpha_{AB} = \alpha_{BA} - 180°$$

$$\alpha_{BA} = \alpha_{AB} + 180°$$

$$\alpha_{AB} = \alpha_{BA} \pm 180°$$

$$\alpha_{反} = \alpha_{正} \pm 180°$$

图1-19   正反坐标方位角与其计算公式

知识贴士

正反坐标方位角，也就是某直线从起点到终点方向的坐标方位角叫正坐标方位角，从终点到起点方向的坐标方位角叫反坐标方位角。

1.3.5 象限角

象限，英文为 quadrant，原意是 1/4 圆等分的意思。象限是平面直角坐标系（笛卡尔坐标系）中的横轴与纵轴所划分的四个区域，即每一个区域叫作一个象限。

象限以原点为中心，x、y 轴为分界线。右上的称为第一象限，左上的称为第二象限，左下的称为第三象限，右下的称为第四象限。

由基本方向的北端或南端起，沿着顺时针或逆时针方向量到直线的锐角，叫作该直线的象限角，一般采用 R 表示，其角值范围为 $0° \sim 90°$，如图 1-20 所示。

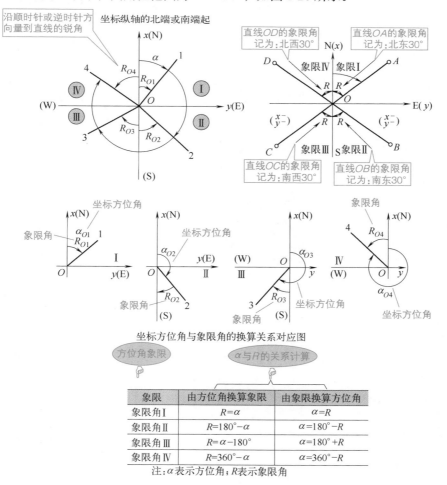

坐标方位角与象限角的换算关系对应图

象限	由方位角换算象限	由象限换算方位角
象限角 I	$R=\alpha$	$\alpha=R$
象限角 II	$R=180°-\alpha$	$\alpha=180°-R$
象限角 III	$R=\alpha-180°$	$\alpha=180°+R$
象限角 IV	$R=360°-\alpha$	$\alpha=360°-R$

注：α 表示方位角；R 表示象限角

图 1-20　象限角

知识贴士

　　直角坐标系原点、坐标轴上的点不属于任何象限。直角坐标系的创建，在代数和几何间架起了一座桥梁，其使几何概念用数来表示，几何图形也可以用代数形式来表示。

1.3.6　坐标方位角的推算以及公式

　　坐标方位角的推算公式如图 1-21 所示。坐标方位角的推算过程如图 1-22 所示。导线的内业计算，即计算各导线点的坐标。

① 如果计算出的方位角 $\alpha_{前}>360°$，则减去 360°

② 最后推算出起始边方位角，它应与原有的已知坐标方位角值相等，否则需要重新检查计算

$\alpha_{前}=\alpha_{后}-180°+\beta_{左}$（适用于测左角）

$\alpha_{前}=\alpha_{后}+180°-\beta_{右}$（适用于测右角）

用该式计算时，如果 $(\alpha_{后}+180°)<\beta_{右}$，则应加 360° 后再减

公式也就是

➤ β 为右角时

$$\alpha_{前}=\alpha_{后}+180°-\beta_{右}$$

$$\alpha_{前}=\alpha_{后}+n×180°-\Sigma\beta_{右}$$

➤ β 为左角时

$$\alpha_{前}=\alpha_{后}-180°+\beta_{左}$$

$$\alpha_{前}=\alpha_{后}-n×180°+\Sigma\beta_{左}$$

因为　方位角角值范围为：0°～360°

所以　若推算的 $\alpha_{前}>360°$，则减 360°

　　　若推算的 $\alpha_{前}<0°$，则加 360°

图 1-21　坐标方位角的推算公式

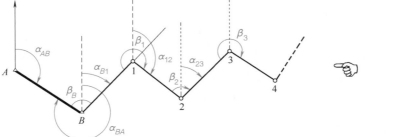

$\alpha_{B1}=\alpha_{AB}+\beta_{B}-180°$

$\alpha_{12}=\alpha_{B1}+\beta_{1}-180°$

$\alpha_{23}=\alpha_{12}+\beta_{2}-180°$

…

$\alpha_{前}=\alpha_{后}+\beta_{左}-180°$

图 1-22　坐标方位角的推算过程

案 例

已知 $\alpha_{12}=30°$，各观测角 β 如图 1-23 所示，求各边坐标方位角 α_{23}、α_{34}、α_{45}、α_{51}。

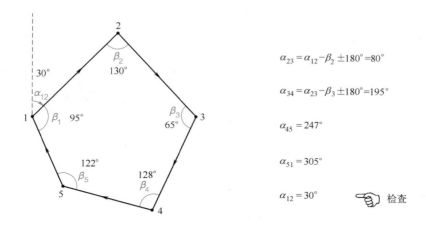

$\alpha_{23}=\alpha_{12}-\beta_2\pm180°=80°$

$\alpha_{34}=\alpha_{23}-\beta_3\pm180°=195°$

$\alpha_{45}=247°$

$\alpha_{51}=305°$

$\alpha_{12}=30°$ ☞ 检查

图 1-23　各观测角 β

1.3.7　铅垂线与水准面

铅垂线就是在地球重力场中重力的作用线，如图 1-24（a）所示。铅垂线是测量工作的基准线。判断物体是否与地面垂直，可以采用铅垂线法，也就是在一根线上加上一个重物，该重物称为铅锤。铅锤受重力作用，即受万有引力的一个分力作用，让线与地面垂直，成 90°角［图 1-24（b）］。铅锤重量的大小与垂直线的垂直度无关。

水平面就是与水准面相切的平面，由大地水准面所包围的形体叫作大地体［图 1-24（c）］。

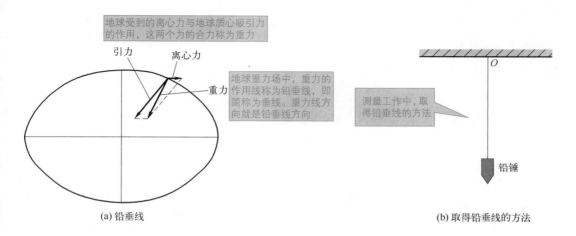

地球受到的离心力与地球质心吸引力的作用，这两个力的合力称为重力

引力　离心力

重力

地球重力场中，重力的作用线称为铅垂线，即简称为垂线。重力线方向就是铅垂线方向

测量工作中，取得铅垂线的方法

O

铅锤

(a) 铅垂线　　　　　　　　　　　　　　(b) 取得铅垂线的方法

图 1-24

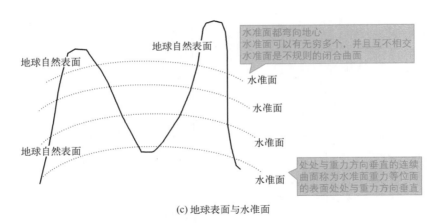

(c) 地球表面与水准面

图 1-24   铅垂线、取得铅垂线的方法及地球表面与水准面

 知识贴士

筑建高耸建筑物时，需要保证建筑物的垂直度，因此需要铅垂线放样。铅垂线放样大多采用的方式为：经纬仪 + 弯管目镜法；光学铅垂仪法；激光铅垂仪法等。

1.3.8   大地水准面的特点

参考椭球是代表地球的数学表面，是大地测量计算的基准面，是研究大地水准面形状的参考面；在地球投影中，是用参考椭球面代表地球表面的。

参考椭球面是大地测量计算的基准面，相应地，其法线是计算的基准线。

总地球椭球与地球质量相等，旋转角速度相等，与大地体体积相等，中心与地心重合，短轴与地球平自转轴重合，大地起始子午面与天文起始子午面平行。

测量的区域不大时，可将地球看作半径为 6371km 的圆球。小范围内进行测量工作时，可以用水平面代替大地水准面。

大地水准面的特点如图 1-25 所示。

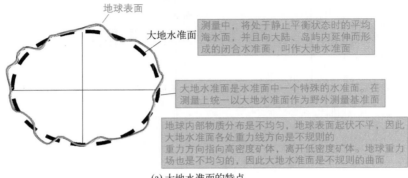

(a) 大地水准面的特点

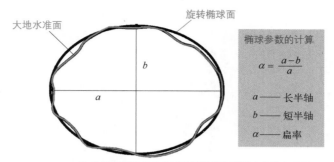

(b) 选择可用数学公式严格描述的旋转椭球代替大地体

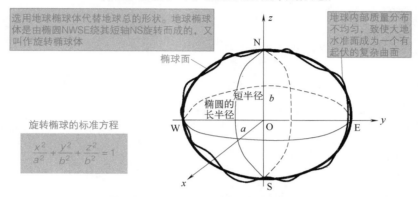

(c) 参考椭球与总地球椭球

图 1-25　　大地水准面的特点

 知识贴士

　　地面点在大地水准面上的投影位置有：地理坐标、独立平面直角坐标、高斯平面直角坐标等。其中，地理坐标就是在大区域内确定地面点的位置，以球面坐标来表示点的坐标。地理坐标用经度、纬度表示地面点在旋转椭球面上的位置。高斯平面直角坐标系是将地球按 6° 或 3° 经度划分为若干带，并且以平面代替每一带的地表曲面建立的直角坐标系。建筑工程测量中一般不采用地理坐标和高斯平面直角坐标表示地面点的位置。

第2章
测量工具与测量仪器

2.1　测量及其配合工具

2.1.1　垂球

　　测距方法的应用，往往是通过一定的工具、仪器来实现的。距离测量常用的工具（量距工具、配合测量所用工具）有：钢尺、标杆（花杆）、测钎、垂球、弹簧秤、温度计等。其中，垂球主要用于不平坦地面丈量时投点定位，也就是丈量时将钢尺的端点垂直投影到地面，如图 2-1 所示。垂球还可以用于标志仪器是否对中。

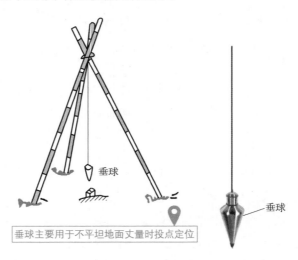

图 2-1　**垂球**

2.1.2　测钎与标杆

　　测钎主要用于标定尺段的起点与终点位置。测钎一般用钢筋制成，上部弯成小圆环，下部磨尖。测钎杆直径为 3 ～ 6mm，长度为 30 ～ 40cm。测钎上可用油漆涂成红白相间的色段，穿在圆环中，如图 2-2（a）所示。

　　标杆又叫作花杆，多数是采用木料制成的，直径大约为 3cm，长度为 2 ～ 3m，上面每隔 20cm 涂以红白漆，用来标定直线的方向，如图 2-2（b）所示。标杆下面往往是尖头铁脚，以便于插入地面，作为照准标志。

上部弯成小圆环

通常6根或11根系成一组

直径为3~6mm

30~40cm

下部磨尖

2~3m

尖头
铁脚

量距时，将测钎插入地面，用以标定尺端点的位置，还可作为近处目标的瞄准标志

(a) 测钎

(b) 标杆

图 2-2   测钎与标杆

2.1.3   温度计与弹簧秤

温度计与弹簧秤如图 2-3 所示。温度计主要用于测量温度。弹簧秤主要用于测量拉力等。

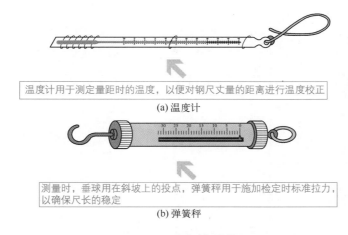

温度计用于测定量距时的温度，以便对钢尺丈量的距离进行温度校正

(a) 温度计

测量时，垂球用在斜坡上的投点，弹簧秤用于施加检定时标准拉力，以确保尺长的稳定

(b) 弹簧秤

图 2-3   温度计与弹簧秤

2.1.4   塔尺

塔尺是水准尺的一种，如图 2-4 所示。水准尺往往与水准仪配合进行水准测量。常见的水准尺有塔尺、双面尺、铟钢尺等。

塔尺是一种逐节缩小的组合尺，其长度为 2 ~ 5m，由两节或三节连接在一起，尺的底部为零点，尺面上黑白格相间，每格宽度为 1cm，有的为 0.5cm，在米和分米处采用数字注记。

塔尺接头处存在误差，因此其多用于精度较低的水准测量中。

塔尺与其他尺的外观差异如图 2-5 所示。折尺与塔尺的刻划标注基本相同，只是折尺尺子可以一分为二对折。使用折尺时打开，不使用时可以对折，这样方便使用和携带。

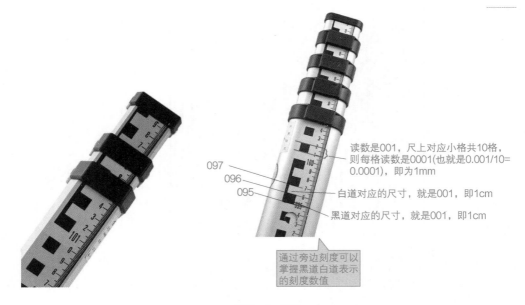

读数是001，尺上对应小格共10格，则每格读数是0001(也就是0.001/10=0.0001)，即为1mm

白道对应的尺寸，就是001，即1cm

黑道对应的尺寸，就是001，即1cm

通过旁边刻度可以掌握黑道白道表示的刻度数值

图2-4　塔尺

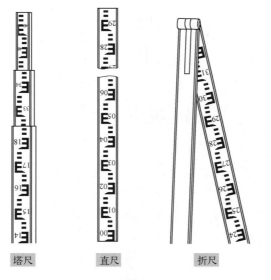

塔尺　　　　　直尺　　　　　折尺

图2-5　塔尺与其他尺的外观差异

扫码看视频

塔尺

塔尺的读数方法与技巧如下。

① 塔尺读数前，需要转动微倾螺旋，使符合水准管气泡居中。

② 一般的塔尺是矩形抽拉式结构，每抽一节便有卡簧弹出。为此，使用时需要注意卡簧要卡到位。

③ 塔尺的读数，就是利用十字丝中横丝读取尺上数值。

④ 由于不同塔尺有所差异，因此具体的读数方法有所不同。

⑤ 为了保持精度，经常用尺垫来配合。测量时需要正面垂直对准水准仪，并且不得前后左右晃动。

⑥ 有的塔尺两面可以读数，一面是精确读数，刻度精确到毫米，直接读；另外一面尺面上一格即 1cm，毫米要估读。若距离比较近，可以采用精确读数面。在距离较远、精确刻度看不清的情况下，可以采用一格为 1cm 的面。

⑦ 塔尺读数一般需要读出四位数字，即米、分米、厘米、毫米。对于毫米，有的需要估读。

某标志塔尺读数过程如图 2-6 所示。

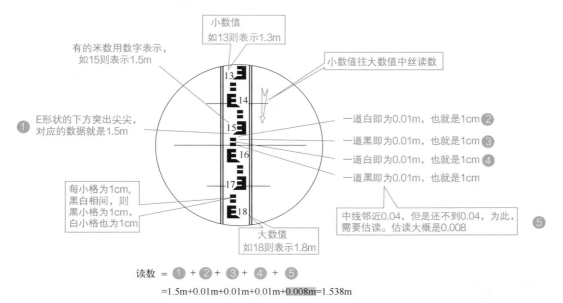

读数 ＝ ❶ + ❷ + ❸ + ❹ + ❺

=1.5m+0.01m+0.01m+0.01m+0.008m=1.538m

图 2-6　某标志塔尺读数过程

知识贴士

Wild N3 精密水准仪的读数，为望远镜视场数值 + 测微数值，如图 2-7 所示。

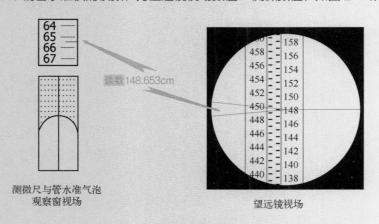

测微尺与管水准气泡
观察窗视场

望远镜视场

图 2-7　Wild N3 精密水准仪的读数

2.1.5　双面水准尺

双面水准尺的双面均有刻划，一面为黑白相间，称为黑面尺（主尺）；另一面为红白相间，称为红面尺（辅尺）。双面水准尺尺长为3m，两根尺为一对，如图2-8所示。

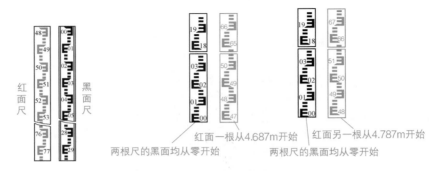

图 2-8　双面水准尺

两根尺的黑面尺尺底均从 0 开始，红面尺尺底一根从 4.687m 开始，另一根从 4.787m 开始。在视线高度不变的情况下，同一根水准尺的红面与黑面读数差应等于常数 4.687m 或 4.787m，这个常数称为尺常数，一般用 K 表示。

双面水准尺两面的刻划均为 1cm，并且在分米处注有数字。

普通水准测量用黑面读数，三、四等水准测量用黑、红面读数进行校核。

知识贴士

采用水准测量的方法按四等的技术要求测定控制点高程的工作称为四等水准测量。四等水准测量采用中丝读数法进行观测。当水准路线为附合路线或闭合环时，采用单程测量；如果采用单面水准尺，则应变动仪器的高度观测两次。采用光学水准仪进行四等水准测量时，可以直读距离。直读距离就是利用上丝、下丝直接读取视距。直读距离的方法：瞄准标尺，旋转倾斜螺旋，使下丝（或上丝）切准到某一整分划线上，上丝、下丝之间间隔的长度（cm）即为以米为单位的视距，其案例图解如图2-9所示。

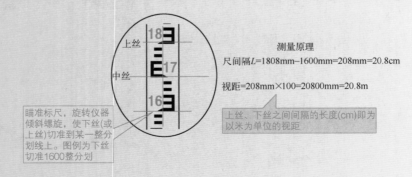

图 2-9　直读距离案例图解

2.1.6 尺垫

尺垫主要用于转点位置，一般是由生铁铸成的三角形板座，下方为三个脚，可以踏入土中。尺垫上方有一个凸起的半球体，水准尺立于半球顶面，如图 2-10 所示。

使用尺垫的目的是临时标志点位，以及避免土壤下沉与立尺点位置变动影响读数。

图 2-10　尺垫与尺垫的应用

 知识贴士

立尺前，先将尺垫用脚踩实，然后竖立水准尺于半圆球体顶上，以防止水准尺下沉及尺子转动时改变其高程。尺垫仅在转点位置竖立水准尺时使用。

2.2 钢尺

2.2.1 钢卷尺的种类

钢尺有钢直尺、钢卷尺等种类。

钢卷尺是用钢制成的带状尺，如图 2-11 所示。钢卷尺的长度通常有 1m、2m、3m、5m、15m、30m、50m 等。钢卷尺的精度，一般分为 0.1mm、0.2mm、0.5mm 等。

钢卷尺可以卷曲，便于携带。

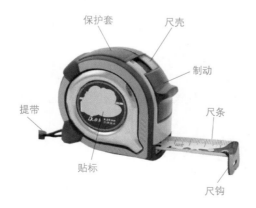

图 2-11　钢卷尺

钢尺的基本分划为毫米，每米处、分米处、厘米处一般有数字注记。由于钢卷尺上零点位置的不同，有端点尺、刻线尺之分，如图 2-12 所示，因此用钢卷尺测量前，需要分辨钢卷尺的零端和末端。

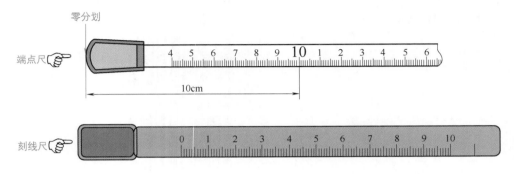

图 2-12   端点尺与刻线尺

钢卷尺的其他特点如图 2-13 所示。

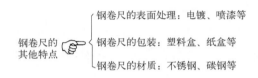

图 2-13   钢卷尺的其他特点

钢卷尺刻度精度要求如图 2-14 所示。

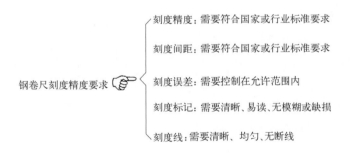

图 2-14   钢卷尺刻度精度要求

 案　例

测设已知水平距离

已有：起点 A、AB 方向。

已知：水平距离 D_{AB}（设计已知）。

测设：终点 B。

图解测设已知水平距离如图 2-15 所示。

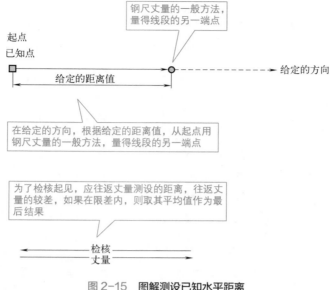

图 2-15　图解测设已知水平距离

2.2.2　钢直尺的特点与规格

　　钢直尺是一种用于测量长度的量具。有的钢直尺，使用不锈钢板或碳钢制作。钢直尺一般不能够折叠，具有精确的刻度和较高的耐用性，如图 2-16 所示。其一般长度为 150mm ～ 1m，常见的长度规格为 150mm、300mm、500mm、1000mm。不同长度的钢直尺适用于不同的测量需求。

　　钢直尺与钢卷尺在计量单位上既有公制也有市制。

　　钢直尺可以用于画直线。

　　钢直尺一般有 0.5mm 线，钢卷尺上一般没有 0.5mm 线。

图 2-16　钢直尺

2.2.3　钢尺的检定

　　由于材料原因、刻划误差、长期使用的变形、测量时温度和拉力不同的影响，钢尺实际长度往往不等于其上所标注的长度。钢尺上所标注的长度，也就是名义长度、尺面值。实际长度，也就是温度为 t 时的尺长。因此，量距前需要对钢尺进行检定。

　　定期对卷尺、直尺进行计量检定，以确保其准确度。使用频繁的钢卷尺，应每 3 个月检定一次。使用不频繁的钢卷尺，应每 6 个月检定一次。

　　钢尺的检定方法有与标准尺比较、在测定精确长度的基线场进行比较等，如图 2-17 所示。

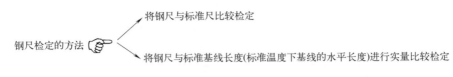

钢尺检定的方法
将钢尺与标准尺比较检定
将钢尺与标准基线长度(标准温度下基线的水平长度)进行实量比较检定

图 2-17　**钢尺的检定方法**

知识贴士

钢直尺检定仪是指利用影像测量的方法，以光栅位移传感器为基准元件，用于测量钢直尺长度方向示值误差的计量仪器。钢直尺检定仪一般由检定仪平台、影像系统、光栅位移传感器、测量软件等组成。钢直尺检定仪结构示意，如图 2-18 所示。

影像系统
光栅位移传感器
测量软件
检定仪平台
被检钢直尺

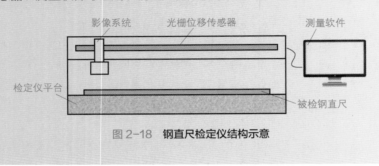

图 2-18　**钢直尺检定仪结构示意**

2.2.4　某钢尺的尺长方程式

经过检定的钢尺，其长度可用尺长方程式表示。某钢尺的尺长方程式如图 2-19 所示。

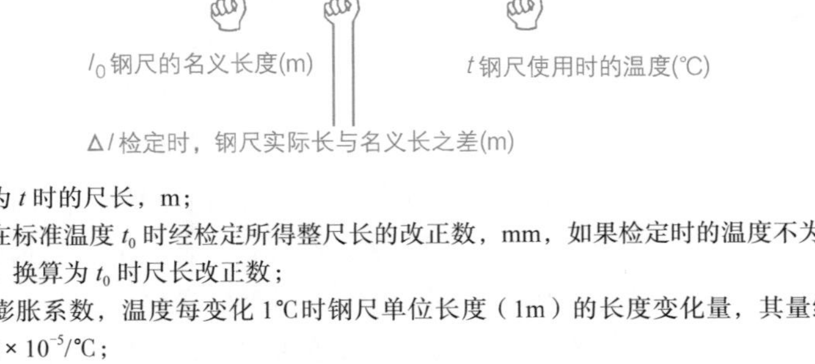

α=1.2×10⁻⁵/℃
l_t 钢尺在 t 温度时的实际长度(m)
α 钢尺的膨胀系数
t_0 钢尺检定时的温度(℃)
l_0 钢尺的名义长度(m)
t 钢尺使用时的温度(℃)
Δl 检定时，钢尺实际长与名义长之差(m)

$$l_t = l_0 + \Delta l + \alpha l_0 (t - t_0)$$

式中　l_t ——温度为 t 时的尺长，m；

Δl ——钢尺在标准温度 t_0 时经检定所得整尺长的改正数，mm，如果检定时的温度不为 t_0，则需要进行温度改正，换算为 t_0 时尺长改正数；

α ——钢尺膨胀系数，温度每变化 1℃时钢尺单位长度（1m）的长度变化量，其量纲为 /℃,，一般采用 $\alpha=1.2\times10^{-5}$/℃；

t_0 ——标准温度，℃，一般以 20℃作为标准温度；

t ——测量时钢尺的温度（℃）。

图 2-19　**某钢尺的尺长方程式**

🗒 案　例

已知 1 号标准尺的尺长方程式如下。

$$l_{t1}=30\text{m}+0.004\text{m}+1.25\times10^{-5}\times(t\text{-}20℃)\times30\text{m}$$

被检定的 2 号钢尺，其名义长度也是 30m。比较时的温度为 24℃，两把尺子的末端刻划对齐并施加标准拉力后，2 号钢尺比 1 号标准尺短 0.007m，试确定 2 号钢尺的尺长方程式。

根据

$$l_{t2}=l_{t1}-0.007\text{m}$$
$$=30\text{m}+0.004\text{m}+1.25\times10^{-5}\times30\text{m}\times(24℃-20℃)-0.007\text{m}$$
$$=30\text{m}-0.002\text{m}$$

可得，2 号钢尺的尺长方程式如下。

$$l_{t2}=30\text{m}-0.002\text{m}+1.25\times10^{-5}\times(t\text{-}24℃)\times30\text{m}$$

2.2.5　钢尺量距丈量的方法与计算

钢尺量距丈量的一般方法：精度要求为 1/2000 ～ 1/3000 时，可以采用先整尺段地丈量，最后丈量余长，往返丈量即可，如图 2-20 所示。

钢尺量距丈量的三个基本要求为"直、平、准"，即定线要准确，钢尺要抬平，读数要准确。

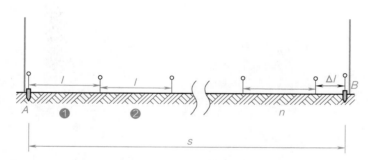

图 2-20　钢尺量距丈量的方法与计算

计算公式为 $s=nl+\Delta l$；

l—整尺段的长度；n—丈量的整尺段数；Δl—零尺段长度；S—A、B 两点的距离

 案　例

用 30m 长的钢尺往返丈量 A、B 两点间的水平距离，丈量结果分别为：往测 4 个整尺段，余长为 19.98m；返测 4 个整尺段，余长为 20.02m。计算 A、B 两点间的水平距离 S_{AB}、S_{BA}、$S_{平}$。

$$S_{AB}=nl+\Delta l=4\times30\text{m}+19.98\text{m}=139.98\text{m}$$

$$S_{BA}=nl+\Delta l=4\times30\text{m}+20.02\text{m}=140.02\text{m}$$

$$S_{平} = \frac{1}{2}(S_{AB} + S_{BA}) = \frac{1}{2} \times (139.98\text{m} + 140.02\text{m}) = 140.00\text{m}$$

 知识贴士

钢尺量距的误差有累积性的尺长误差、温度误差（按照钢的膨胀系数计算，温度每变化1℃，丈量距离为30m时对距离影响为0.4mm）、垂曲误差、定线误差（丈量30m的距离，当偏差为0.25m时，量距偏大1mm）、拉力误差（拉力变化2.6kg，尺长将改变1mm）、丈量误差（如测钎不准、读数不准）等。

2.3　仪器

2.3.1　罗盘仪

罗盘仪由望远镜、罗盘盒、基座、磁针、刻度等部分组成，如图2-21所示。罗盘仪的精度较低，其常用于测定独立测区的近似起始方向，以及路线勘测、地质普查等中的测量工作。

罗盘仪不能在高压线、铁矿区、铁路旁等使用
罗盘仪使用完毕后，需要将磁针升起，固定在顶盖上
使用罗盘仪进行测量时，附近不能有任何铁器

图2-21　**罗盘仪**

应用罗盘仪测定某 *AB* 直线的磁方位角时的方法如图2-22所示。

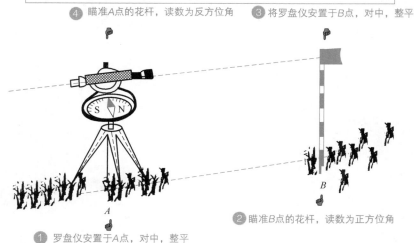

① 安置仪器：将罗盘仪安置在直线的起点，即在直线的起点 A 上安置罗盘仪

② 对中：用垂球对中

③ 整平：使罗盘盒上的两个水准器气泡居中，再旋紧球臼连接螺旋，使度盘处于水平位置

④ 照准：望远镜瞄准直线的终点 B，即直线的另一端点

⑤ 读数：松开磁针固定螺旋，使它自由转动，待磁针静止不动时，读出磁针北端(不带铜圈的一端)所指的度盘读数，所得读数为该直线的磁方位角

使用罗盘时，必须等待磁针静止后才能够读数，读数完毕需要将磁针固定以免磁针的顶针被磨损。如果使用罗盘，磁针摆动相当长时间还不能够静止，则表明仪器使用太久，磁针的磁性不足，需要进行充磁

④ 瞄准 A 点的花杆，读数为反方位角   ③ 将罗盘仪安置于 B 点，对中、整平

① 罗盘仪安置于 A 点，对中、整平

② 瞄准 B 点的花杆，读数为正方位角

图 2-22　应用罗盘仪测定某 AB 直线的磁方位角时的方法

 知识贴士

　　使用罗盘时，如果指物觇标位于 N°，则用磁针北端读数。由于两点间的方位是相互的，所以使用罗盘仪时要机动灵活。例如，A 点在 B 点的 NE30° 方向，那么 B 点则位于 A 点的 NW210° 方向。如果站在 A 点上，要知道 A 点位于 B 点的什么方位，那么直接读罗盘仪指南针即可。

2.3.2　经纬仪

　　经纬仪是一种根据测角原理设计的测量水平角、竖直角的一种测量仪器，如图 2-23 所示。经纬仪可以分为光学经纬仪、电子经纬仪。

　　某些经纬仪键盘符号与功能如图 2-24 所示。

　　安置经纬仪时，需要对中整平装置：三脚架、垂球或光学对点器、脚螺旋、圆水准器、管水准器等。

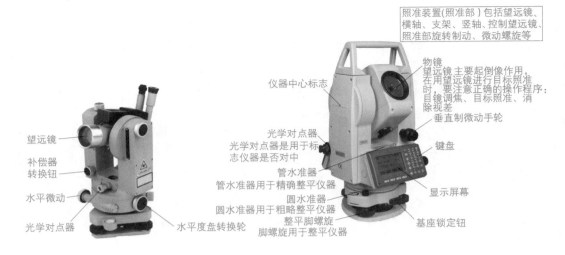

照准装置(照准部)包括望远镜、横轴、支架、竖轴、控制望远镜、照准部旋转制动、微动螺旋等

望远镜

补偿器转换钮

水平微动

光学对点器

仪器中心标志

光学对点器
光学对点器是用于标志仪器是否对中

管水准器
管水准器用于精确整平仪器

圆水准器
圆水准器用于粗略整平仪器

整平脚螺旋
脚螺旋用于整平仪器

水平度盘转换轮

物镜
望远镜主要起倒像作用，在用望远镜进行目标照准时，要注意正确的操作程序：目镜调焦、目标照准、消除视差

垂直制微动手轮

键盘

显示屏幕

基座锁定钮

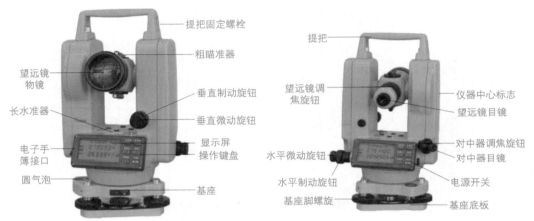

提把固定螺栓

粗瞄准器

望远镜物镜

长水准器

电子手簿接口

圆气泡

垂直制动旋钮

垂直微动旋钮

显示屏
操作键盘

基座

提把

望远镜调焦旋钮

水平微动旋钮

水平制动旋钮

基座脚螺旋

仪器中心标志

望远镜目镜

对中器调焦旋钮

对中器目镜

电源开关

基座底板

图 2-23 经纬仪

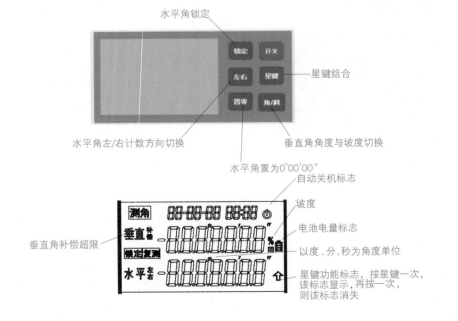

水平角锁定

锁定 开关

左右 星键

置零 角/斜

星键组合

水平角左/右计数方向切换

垂直角角度与坡度切换

水平角置为0°00′00″

自动关机标志

坡度

电池电量标志

以度、分、秒为角度单位

星键功能标志，按星键一次，该标志显示，再按一次，则该标志消失

垂直角补偿超限

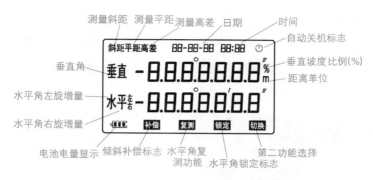

图 2-24　某些经纬仪键盘符号与功能

使用经纬仪的注意事项如下。

① 严禁用望远镜直接观测太阳，以免造成眼睛失明。如果要观测太阳，务必使用阳光滤色镜。

② 在烈日或雨天环境下工作，需要在遮阳伞的掩护下进行，以免影响仪器精度或损坏仪器。观测者离开仪器时，需要将防雨罩罩在仪器上，以免灰尘或雨水使仪器发生故障。

③ 禁止将仪器连同三脚架一起搬动。

④ 不使用激光时应关闭，勿频繁开关激光器。

⑤ 经纬仪要在 0 ～ 45℃范围内充电，超出此范围可能出现充电异常现象。

2.3.3　水准仪

水准测量所使用的仪器主要是水准仪。水准测量所使用的工具还有水准尺、尺垫等。

根据其精度，国产水准仪分为 DS05、DS1、DS3、DS10 等几种型号。工程测量中广泛使用的是 DS3 级水准。数字 05、1、3、10 表示水准仪精度等级，即 1km 往返测量（平均）高差中数的偶然中误差（mm）。另外，"D""S" 分别为"大地测量""水准仪"的汉语拼音字头，即 D 为我国对大地测量仪器规定的总代号，S 为水准仪代号。

水准仪系列与基本技术参数见表 2-1。

表 2-1　水准仪系列与基本技术参数

技术参数项目		水准仪系列型号			
		S05	S1	S3	S10
1km 往返平均高差中误差		≤ 0.5mm	≤ 1mm	≤ 3mm	≤ 10mm
望远镜放大率		≥ 40 倍	≥ 40 倍	≥ 30 倍	≥ 25 倍
望远镜有效孔径		≥ 60mm	≥ 50mm	≥ 42mm	≥ 35mm
管状水准器格值		10″/2mm	10″/2mm	20″/2mm	20″/2mm
测微器有效量测范围		5mm	5mm		
测微器最小分格值		0.05mm	0.05mm		
自动安平水准仪补偿性能	补偿范围	± 8′	± 8′	± 8′	± 10′
	安平精度	± 0.1″	± 0.2″	± 0.5″	± 2″
	安平时间不长于	2s	2s	2s	2s

DS3 型微倾水准仪的构造主要包括望远镜、水准器、基座等，其构造如图 2-25 所示。望远镜主要是用于精确瞄准远处目标与提供水平视线进行读数的部件。望远镜主要由物镜、调焦透镜、物镜调焦螺旋、十字丝分划板、目镜等组成。

扫码看视频

水准仪的操作与使用 1

图 2-25　DS3 型微倾水准仪的构造

SL-07 数字水准仪如图 2-26 所示。

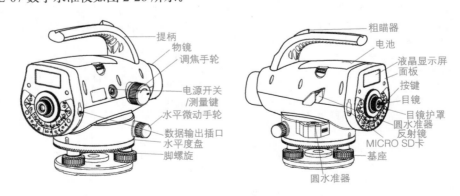

图 2-26　SL-07 数字水准仪

DSZ 自动安平水准仪如图 2-27 所示。

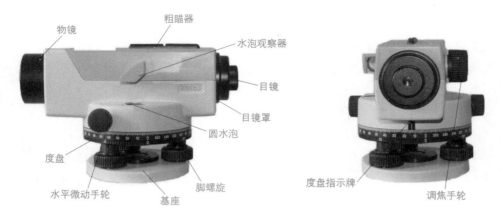

图 2-27　DSZ 自动安平水准仪

DS3 型微倾水准仪的操作步骤如图 2-28 所示。粗略整平的操作遵从法则：圆水准气泡运动方向和左手拇指的运动方向一致。粗略整平是指通过调节脚螺旋使圆水准器气泡居中，如图 2-29 所示。瞄准水准尺，主要操作步骤是目镜调焦、初步瞄准、物镜调焦、精确瞄准等。

DS3型微倾水准仪的操作步骤

1 安置仪器
2 粗略整平
3 瞄准
4 精准整平
5 读数

图 2-28　DS3 型微倾水准仪的操作步骤

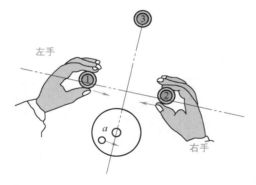

将水准仪放在三脚架的顶端，并且拧紧三脚架中心的固定螺栓。然后旋转水准仪的脚螺旋，使圆形气泡居中

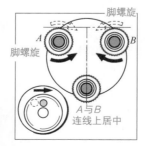
1 沿相反方向同时旋转脚螺旋A和B，直到气泡在A与B的连线上居中

2 旋转脚螺旋C，直到气泡完全居中

圆形气泡居中调整方法

图 2-29　粗略整平

安置三脚架和水准仪的正误图示及携带三脚架的要求如图 2-30 所示。三脚架的主要作用是支撑仪器。

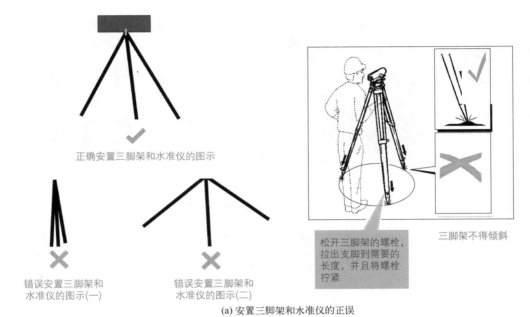

(a) 安置三脚架和水准仪的正误

(b) 携带三脚架的要求

图 2-30　安置三脚架和水准仪的正误及携带三脚架的要求

水准仪的对中（在一个地面点上的对中）如图 2-31 所示。水准仪瞄准水准尺的操作如图 2-32 所示。

水准仪望远镜的调焦如图 2-33 所示。

精确整平就是转动微倾螺旋，使气泡两端的影像严密吻合，此时水准管气泡居中，即为水平视线，如图 2-34 所示。

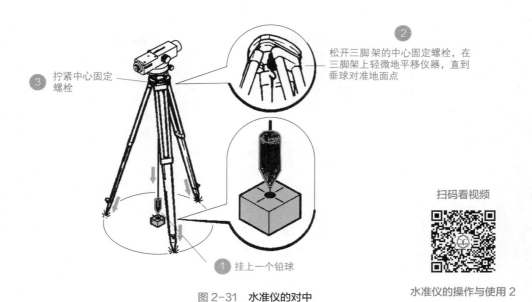

③ 拧紧中心固定
螺栓

② 松开三脚架的中心固定螺栓，在三脚架上轻微地平移仪器，直到垂球对准地面点

① 挂上一个铅球

图 2-31　水准仪的对中

扫码看视频

水准仪的操作与使用 2

十字丝分划板的作用是瞄准目标与读数用的竖丝

上丝

中丝

下丝

精确瞄准

① 目镜调焦 —— 转动目镜对光螺旋，使十字丝成像清晰

② 初步瞄准 —— 通过望远镜筒上方的照门、准星瞄准水准尺，旋紧制动螺旋

③ 物镜调焦 —— 转动物镜对光螺旋，使水准尺的成像清晰

④ 精确瞄准 —— 转动微动螺旋，使十字丝的竖丝瞄准水准尺边缘或者中央

图 2-32　水准仪瞄准水准尺的操作

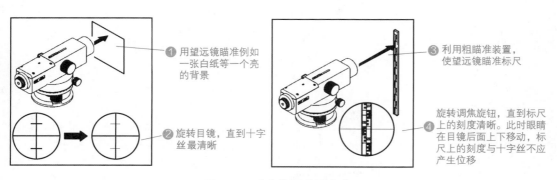

① 用望远镜瞄准例如一张白纸等一个亮的背景

② 旋转目镜，直到十字丝最清晰

③ 利用粗瞄准装置，使望远镜瞄准标尺

④ 旋转调焦旋钮，直到标尺上的刻度清晰。此时眼睛在目镜后面上下移动，标尺上的刻度与十字丝不应产生位移

图 2-33　水准仪望远镜的调焦

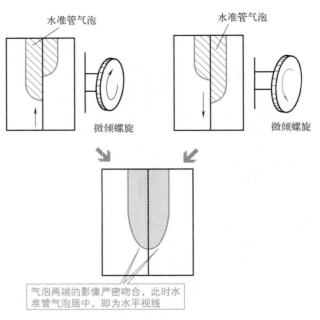

图 2-34　精确整平

水准测量中允许误差公式如下。

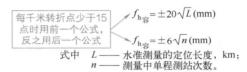

用中丝在水准尺上进行读数，在尺上读至厘米，估读至毫米。水准仪距离测量如图 2-35 所示。

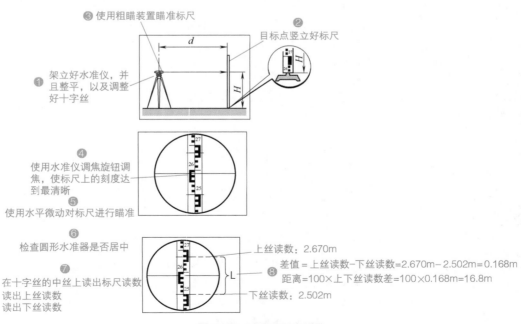

图 2-35　水准仪距离测量

2.3.4　RTK 技术与 RTK 仪器

RTK（real time kinematic）技术是 GPS 实时载波相位差分的简称。载波相位法如图 2-36 所示。

GNSS（global navigation satellite system）是全球导航卫星系统的英文缩写，其是所有全球导航卫星系统及其增强系统的集合名词，是利用全球的所有导航卫星所建立的覆盖全球的全天候无线电导航系统。

RTK 的发展是指由传统的 RTK 技术向网络 RTK 技术发展。RTK 的工作原理如图 2-37 所示。

图 2-36　载波相位法

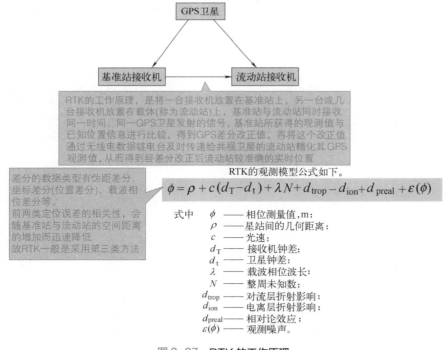

图 2-37　RTK 的工作原理

GPS 以采用值的类型为依据，可以分为实时差分 GPS、广域实时差分 GPS、精密差分 GPS、实时精密差分 GPS，如图 2-38 所示。

RTK 的数据链通信，分为电台模式和网络模式，如图 2-39 所示。电台模式作业距离一般为 0 ～ 28km；电台的架设对环境有非常高的要求，一般选在比较空旷、周围没有遮挡的地点，并且基站架设得越高，距离越远；发射天线最好远离基准站主机 3m 以上。

GPS以采用
值的类型为
依据的分类
{
  实时差分GPS ➡ 精度为1～3m

  广域实时差分GPS ➡ 精度为1～2m

  精密差分GPS ➡ 精度为1～5cm

  实时精密差分GPS ➡ 精度为1～3cm
}

图 2-38   GPS 以采用值的类型为依据的分类

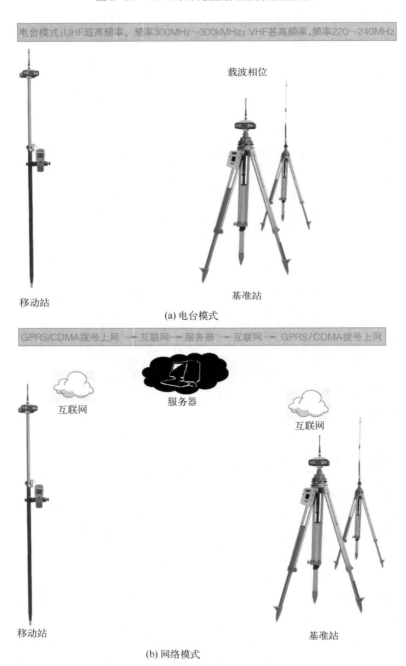

电台模式：UHF超高频率，频率300MHz～300kMHz；VHF甚高频率,频率220～240MHz

载波相位

移动站   基准站

(a) 电台模式

GPRS/CDMA拨号上网 ➝ 互联网➝ 服务器 ➝ 互联网 ➝ GPRS/CDMA拨号上网

互联网   服务器   互联网

移动站   基准站

(b) 网络模式

图 2-39   RTK 的数据链通信

网络 RTK 技术实际上是一种多基站技术，其在处理上利用了多个参考站的联合数据。网络 RTK 系统不仅是 GPS 产品，而且是集互联网技术、无线通信技术、计算机网络管理、GPS 定位技术于一身的系统，具体包括通信控制中心、固定站、用户部分等。

RTK 的测量应用包括点放样、线放样、线路放样、横断面测量等，如图 2-40 所示。

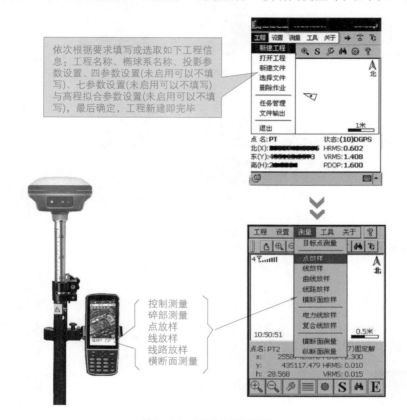

图 2-40　RTK 的测量应用

有的 RTK 往往可以实现静态测量、倾斜测量、星站差分等。某 RTK 外观主要分为三个部分，即上盖、下盖、前面板，如图 2-41 所示。

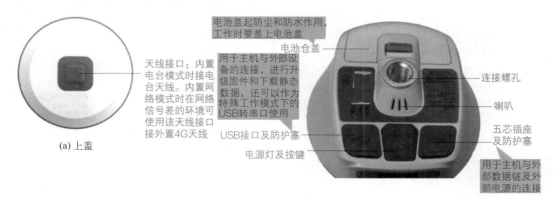

图 2-41

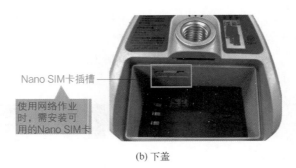

Nano SIM卡插槽

使用网络作业时，需安装可用的Nano SIM卡

(b) 下盖

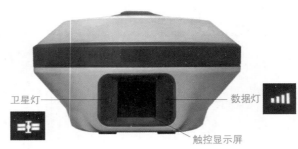

卫星灯

数据灯

触控显示屏

(c) 前面板

图2-41　某RTK外观组成

　　RTK主机的工作状态有内置电台基准站、内置网络基准站、外挂电台基准站、内置电台移动台、内置网络移动台、手簿差分移动台、外挂移动台、星站差分移动台、纯静态模式等，如图2-42所示。

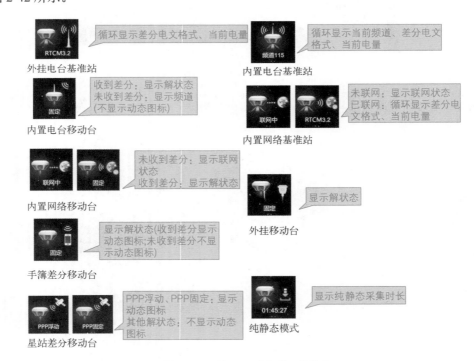

外挂电台基准站　　循环显示差分电文格式、当前电量

内置电台基准站　　循环显示当前频道、差分电文格式、当前电量

内置电台移动台　　收到差分：显示解状态　未收到差分：显示频道（不显示动态图标）

内置网络基准站　　未联网：显示联网状态　已联网：循环显示差分电文格式、当前电量

内置网络移动台　　未收到差分：显示联网状态　收到差分：显示解状态

外挂移动台　　显示解状态

手簿差分移动台　　显示解状态（收到差分显示动态图标；未收到差分不显示动态图标）

星站差分移动台　　PPP浮动、PPP固定：显示动态图标　其他解状态：不显示动态图标

纯静态模式　　显示纯静态采集时长

图2-42　某RTK主机的工作状态

知识贴士

●全站仪——是一种综合的测量仪器，可以同时进行水平角、垂直角、斜距的测量。全站仪被广泛应用于建筑工程测量中。

●经纬仪——可以用于测量建筑物的水平角、垂直角，常用于较大范围的测量工作。

●水平仪——可以用于测量建筑物的水平面，常用于水平对齐、地基的测量。

●测量尺——适用于测量建筑物的长度、宽度、高度等线性尺寸。

所有精密仪器都需要经过计量检测，合格后才允许在施工现场使用。

2.3.5　全站仪

一般全站仪具备常用的基本测量功能。有的全站仪还具有特殊的测量程序，例如可进行悬高测量、偏心测量、对边测量、放样、后方交会、面积计算、道路设计与放样等工作。

全站仪常规测量包括角度测量、距离测量、坐标测量等。

全站仪放样包括点放样、角度距离放样、方向线放样、直线参考线放样等。

一些全站仪的外观结构如图 2-43 所示。

使用全站仪的注意事项如下。

① 日光下测量应避免将物镜直接对准太阳。建议使用太阳滤光镜以减弱这一影响。

② 架设仪器时，尽可能使用木脚架。因为使用金属脚架可能会引起振动，影响测量精度。

③ 外露光学器件需要清洁时，应用脱脂棉或镜头纸轻轻擦净，切不可用其他物品擦拭。

④ 激光全站仪发射光是激光，使用时不能对准眼睛，也不要用激光束指向他人。反射光束是仪器的必要测量信号。为此，应在使用区域范围内设立相应激光警告标志。

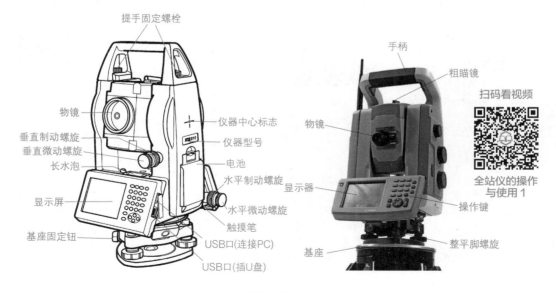

图 2-43

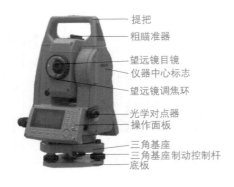

提把
粗瞄准器
望远镜目镜
仪器中心标志
望远镜调焦环
光学对点器
操作面板
三角基座
三角基座制动控制杆
底板

提把固定螺栓
物镜
电池
垂直制动微动手轮
长水准器
数据通信插口
水平制动微动手轮
脚螺旋

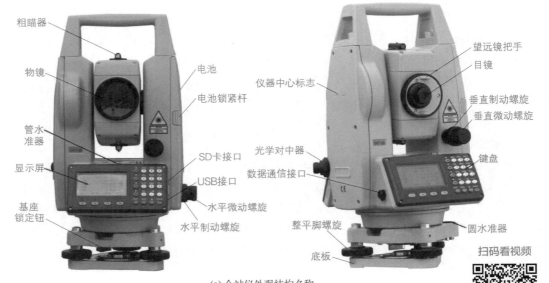

粗瞄器
物镜
管水准器
显示屏
基座锁定钮

电池
电池锁紧杆
SD卡接口
USB接口
水平微动螺旋
水平制动螺旋

望远镜把手
目镜
垂直制动螺旋
垂直微动螺旋
键盘
圆水准器

仪器中心标志
光学对中器
数据通信接口
整平脚螺旋
底板

扫码看视频
全站仪的操作与使用 3

(a) 全站仪外观结构名称

扫码看视频
全站仪的操作与使用 2

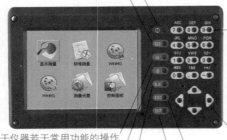

电源键——控制电源的开/关
输入面板键——显示输入面板
0～9数字键——输入数字，用于预置数值

星键——用于仪器若干常用功能的操作
字母切换键——切换到字母输入
后退键——输入数字或字母时，光标向左删除一位
光标键——上下左右移动光标
退出键——退回到前一个显示屏或前一个模式
回车键——数据输入结束并认可时按此键

键盘

(b) 全站仪键盘(一)

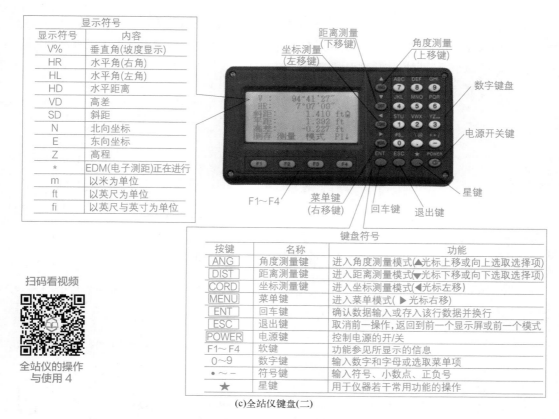

显示符号	
显示符号	内容
V%	垂直角(坡度显示)
HR	水平角(右角)
HL	水平角(左角)
HD	水平距离
VD	高差
SD	斜距
N	北向坐标
E	东向坐标
Z	高程
*	EDM(电子测距)正在进行
m	以米为单位
ft	以英尺为单位
fi	以英尺与英寸为单位

扫码看视频

全站仪的操作
与使用 4

键盘符号			
按键	名称	功能	
ANG	角度测量键	进入角度测量模式(▲光标上移或向上选取选择项)	
DIST	距离测量键	进入距离测量模式(▼光标下移或向下选取选择项)	
CORD	坐标测量键	进入坐标测量模式(◀光标左移)	
MENU	菜单键	进入菜单模式(▶ 光标右移)	
ENT	回车键	确认数据输入或存入该行数据并换行	
ESC	退出键	取消前一操作,返回到前一个显示屏或前一个模式	
POWER	电源键	控制电源的开/关	
F1～F4	软键	功能参见所显示的信息	
0～9	数字键	输入数字和字母或选取菜单项	
●～－	符号键	输入符号、小数点、正负号	
★	星键	用于仪器若干常用功能的操作	

(c)全站仪键盘(二)

图 2-43　一些全站仪的外观结构

⑤ 要防止激光束无意间照射平面镜、金属表面、窗户等,特别要小心,不要照射平面镜、凹面镜的表面。

⑥ 视准轴与发射电光轴的重合度如图 2-44 所示。

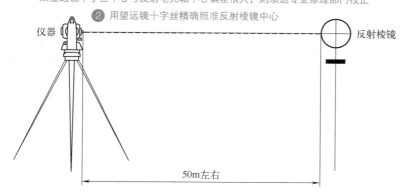

❹ 检查望远镜十字丝中心与发射电光轴照准中心是否重合,如基本重合即可认为合格。如望远镜十字丝中心与发射电光轴中心偏差很大,则须送专业修理部门校正

❷ 用望远镜十字丝精确照准反射棱镜中心

仪器　　　　　　　　　　　　　　　　　　　反射棱镜

50m左右

❶ 在距仪器50m处安置反射棱镜

❸ 打开电源进入测距模式,按"测量"键进行距离测量,左右旋转水平微动手轮,上下旋转垂直微动手轮,进行电照准,通过测距光路畅通信息闪亮的左右和上下的区间,找到测距的发射电光轴的中心

图 2-44　视准轴与发射电光轴的重合度

　　利用全站仪进行测量距离等作业时，需要在目标处放置反射棱镜。反射棱镜有单（三）棱镜组，可通过基座连接器将棱镜组连接在基座上，并安置到三脚架上，也可以直接安置在对中杆上。棱镜组一般根据作业需要配置。

　　各测量模式示意如图 2-45 所示。

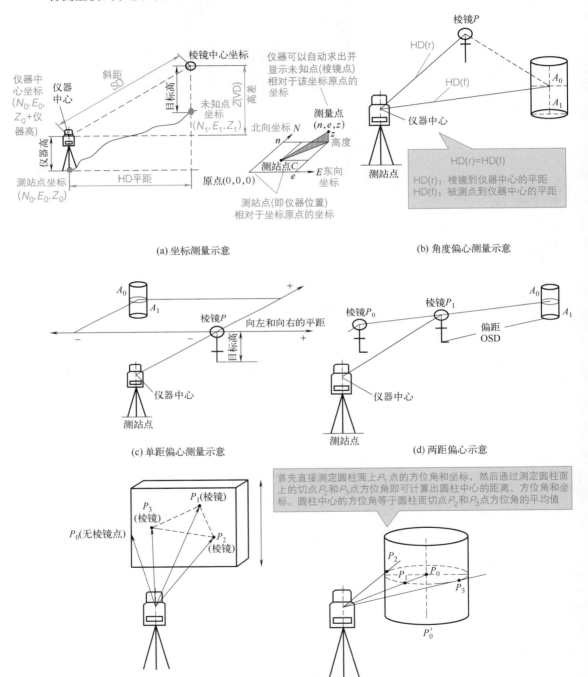

(a) 坐标测量示意

(b) 角度偏心测量示意

(c) 单距偏心测量示意

(d) 两距偏心示意

(e) 平面偏心测量示意

(f) 圆柱偏心测量示意

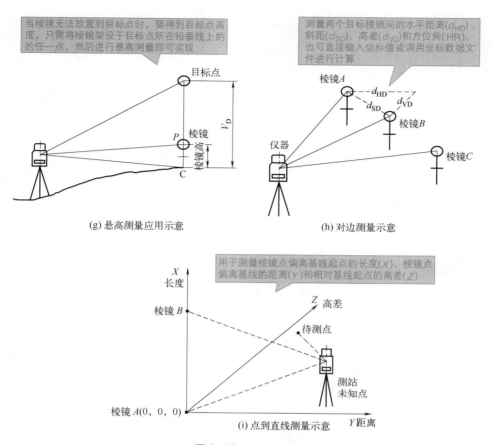

当棱镜无法放置到目标点时，要得到目标点高度，只需将棱镜架设于目标点所在铅垂线上的的任一点，然后进行悬高测量即可实现

测量两个目标棱镜间的水平距离(d_{HD})、斜距(d_{SD})、高差(d_{VD})和方位角(HR)。也可直接输入坐标值或调用坐标数据文件进行计算

用于测量棱镜点偏离基线起点的长度(X)、棱镜点偏离基线的距离(Y)和相对基线起点的高差(Z)

(g) 悬高测量应用示意

(h) 对边测量示意

(i) 点到直线测量示意

图 2-45 各测量模式示意

第 3 章
施工测量放线放样基础

3.1 工程测量基本规定

3.1.1 测量基准与测量精度的要求

测量基准与测量精度的要求见表 3-1。

表 3-1 测量基准与测量精度的要求

项目	解释
测量基准	工程测量空间基准需要符合的一些规定如下 （1）大地坐标系一般应采用 2000 国家大地坐标系；当确有必要采用其他坐标系统时，需要与 2000 国家大地坐标系建立联系 （2）高程基准一般应采用 1985 国家高程基准；当确有必要采用其他高程基准时，应与 1985 国家高程基准建立联系 （3）深度基准在沿岸海域，一般应采用理论最低潮位面。在内陆水域，一般应采用设计水位 （4）深度基准、高程基准间需要建立联系
测量精度	工程测量项目实施中应对成果实际精度进行评定或检测，并且应符合相关规定，具体一些规定如下 （1）精度检测应使用高精度或同精度检测方法，并且应利用检测数据与原测量数据间的较差计算所需的平面坐标、高程或其他几何量的中误差 （2）精度评定应通过测量平差计算所需的平面坐标、高程或其他几何量的中误差 （3）精度评定或精度检测获得的中误差不大于项目技术设计或所用技术标准规定的相应中误差时，应判定成果精度符合要求，否则应判定成果精度不符合要求，并且根据规范相关规定处理

💡 知识贴士

① 工程测量时间系统应采用公历纪元、北京时间。

② 对同一工程的地上地下测量、隧道洞内洞外测量、水域陆地测量，应采用统一的空间基准、时间系统。

③ 对同一工程的不同区段测量或不同期测量，应采用或转换为统一的空间基准与时间系统。

④ 工程测量应采用中误差作为精度衡量指标，并且应以 2 倍中误差作为极限误差。

3.1.2　测量过程要求

测量过程要求见表 3-2。

表 3-2　测量过程要求

项目	解释
项目技术设计的要求	项目技术设计需要符合的一些规定如下 （1）工程测量任务实施前，需要进行项目技术设计，并且形成项目技术设计书或者测量任务单 （2）根据项目合同、约定的技术标准，确定项目任务、成果内容、形式、精度、规格、其他质量要求等 （3）确定项目实施所用技术标准、仪器设备、作业方法、软件系统、质量控制等要求 （4）应优先利用已有控制测量成果 （5）已有控制点使用前，需要对其点位、平面坐标、高程等检查、校核
工程测量所用仪器设备、软件系统的要求	工程测量所用仪器设备、软件系统需要符合的一些规定如下 （1）需计量检定的仪器设备，需要根据有关技术标准规定进行检定，并且要在检定的有效期内使用 （2）仪器设备需要进行校准、检验 （3）仪器设备发生异常时，需要停止测量 （4）软件系统需要通过测评或试验验证
工程测量过程的质量控制要求	工程测量过程需要进行质量控制，并且需要符合的一些规定如下 （1）观测作业、平差计算，需要采用项目技术设计或所用技术标准规定的方法 （2）原始观测数据，需要现场记录，以及安全可靠地存储 （3）原始观测数据不得修改 （4）对观测数据需要进行检查校核、平差计算，并且对存在的粗差、系统误差进行处理 （5）观测限差或所需中误差超出项目技术设计或所用技术标准的规定时，需要立即返工处理 （6）前一工序成果未达到规定的质量要求时，不得转入下一工序 （7）项目技术设计内容发生变更时，需要根据原审定方式审定
工程测量成果的质量检查、验收要求	工程测量成果的质量检查、验收要求如下 （1）质量检查、验收需要保留记录 （2）项目承担方应实行过程检查、最终检查的二级检查制度。最终检查不合格的，成果不得交付与验收 （3）项目合同规定需要进行成果验收时，验收应由项目委托方或其委托的机构进行。验收不合格的成果不得使用 （4）当出现下列情形之一时，应判定成果不合格 ①所用仪器设备不满足项目技术设计或所用技术标准规定的精度要求，或未经检定，或未在检定有效期内使用 ②控制点、变形监测的基准点、监测点设置不符合项目技术设计或所用技术标准的规定 ③成果精度不满足项目技术设计或所用技术标准的规定 ④原始观测数据不真实 ⑤成果出现重大错漏 （5）质量检查、验收不合格时，应退回整改。整改后的成果，需要根据与原成果相同的质量检查、验收方式进行重新检查、验收

3.1.3　测量成果的要求

测量成果的要求见表 3-3。

表 3-3　测量成果的要求

项目	解释
工程测量成果的要求	工程测量成果的一些要求规定如下 （1）成果的内容、规格、形式、精度、其他质量要求等，需要符合项目技术设计或所用技术标准的规定 （2）对数字形式的成果，需要采用可共享、可交换的开放数据格式存储 （3）编制项目技术报告 （4）项目技术报告需要完整准确地描述工程测量项目的基本情况、技术质量要求、实施过程、作业方法、质量管理措施、成果实际达到的技术质量指标等
工程测量成果管理的要求	工程测量成果管理的一些要求规定如下 （1）应设置可识别、可追溯的标识 （2）根据专业档案管理规定进行测量成果、资料的归档 （3）要汇交的成果资料，需要执行测绘成果汇交管理等规定
采用数据库系统对工程测量成果管理的要求	采用数据库系统对工程测量成果管理的规定要求如下 （1）数据库系统要安全、可靠 （2）入库前，需要对数据内容的正确性、完整性等进行检查 （3）入库后，需要对数据库内容的完整性、逻辑一致性等进行检查 （4）对建立的成果数据库，需要进行可靠的数据备份、安全管理等要求

3.1.4　施工测量的原则

施工测量的原则包括审查图纸、整体控制局部、高精度控制低精度、长边控制短边等。

其中，审查图纸包括各种起始测量控制点，应标在总平面图上。总平面图、施工图上各种尺寸关系是布置施工控制网的重要依据。

测量审查图纸时，所有尺寸、建筑物关系都应进行必要的校核。查看平面图、立面图、大样图所标注的同一位置的建筑物形状、尺寸、标高等是否一致。查看室内外标高间的关系是否正确。

整体控制局部，即先整体后局部。长边控制短边，即以大定小、以长定短。高精度控制低精度，即以精定粗。

整体控制局部是一切测量工作的通则。如果试图以局部控制整体，则会导致测量误差超限、建筑物位置不准等后果。

高精度控制低精度，要求不同等级的测量配备不同等级的仪器、工具，以逐级控制才能够确保施测精度。

施工前测量方案应包括建立测量网络控制图、结构测量放线图、标高传递图、水电定位图、砌筑定位放线图、抹灰放线控制图等，并且测量方案应是审批通过的。

3.2　工程放样

3.2.1　工程放样基本内容与一般规定

工程放样，就是将建设工程的规划条件、设计资料在实地进行测设、标定，即为工程定线、拨地、放线、验线、工程施工建造提供测量依据与技术支持的工作。工程放样，也就是说，根据已知条件将点或线施测到实地上的工作。

放样又称为测设，它是测绘的逆过程。放样，就是先知道地表点的坐标，然后找到它的实际位置。

规划条件，就是政府主管部门对建设用地及建设工程提出的引导、控制依据。在规划条件测设、核验测量中，主要体现为条件点与规划指标。

其中，条件点是指对实现规划条件有制约作用的点位，例如道路中心线点、建筑物角点、边线点、地块角点等。规划指标包括总用地面积、总建筑面积、建筑高度、容积率、绿地率等。

工程放样中，往往会提到"四至"。"四至"，也就是一个地块在东西南北四个方向上的界限。

放样的基本要素，一般由放样依据、放样数据、放样方法三个部分组成。放样的分类如图 3-1 所示。

图 3-1　放样的分类

工程放样的一般规定如下。

① 工程放样需要利用建设工程规划条件、设计资料、使用的控制点成果，计算工程特征点平面坐标、高程、有关几何量，以及根据项目技术设计或所用技术标准要求的精度进行实地测设。

② 工程放样需要符合的一些规定如下。

a.计算的工程特征点平面坐标、高程、有关几何量，需要进行正确性检查，并且确认无误后才可以用于实地测设。

b.实地测设的各种点、各种线等标识要准确、要清晰，并且原始数据记录要真实、要完整。

c.曲线工程放样时，需要根据曲线类型、曲线要素计算曲线主点、其他特征点的平面坐标、高程。

d.实地测设后，应利用相邻点、相邻线间的几何关系进行校核，并且校核需要符合要求后，才可以交付或用于工程施工。

3.2.2　点的平面位置的测设

点的平面位置的测设，可以采用直角坐标法、极坐标法、距离交会法、角度交会法等，如图 3-2 所示。

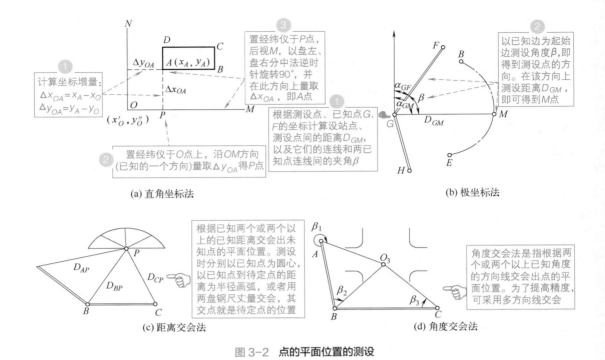

(a) 直角坐标法　　　　　　　　　　　　　(b) 极坐标法

(c) 距离交会法　　　　　　　　　　　　　(d) 角度交会法

图 3-2　点的平面位置的测设

3.2.3　全站仪的放样方法

全站仪的放样方法，可以分为根据角度及距离放样、根据三维坐标进行测设、通过全站仪利用可见光指示放样等，具体见表 3-4。

表 3-4　全站仪的放样方法

项目	方法
按角度及距离放样	（1）根据两个已知点与测设点的坐标计算设站点间的距离 D、设站点与两个方向间的张开角 $β$ （2）在设站点架设仪器，对中整平、开机自检，照准已知点，使水平度盘置零 （3）输入距离 D、水平角 $β$ （4）转动照准部使水平度盘读数为零，这时望远镜方向即为测设点方向 （5）在该方向上移动棱镜，当水平度盘读数为零时，则所在的位置即为测设点的平面位置
按三维坐标进行测设	（1）在测站点安置仪器，对中调平自检，将仪器置于测设模式 （2）输入测站点的坐标、仪器高、后视点的坐标或后视边的方位角以及待测点的三维坐标 （3）使望远镜照准棱镜，按坐标测设功能，则可显示当前棱镜位置与设计测设点的位置的坐标差值 （4）根据坐标差值的大小、符号相应移动棱镜位置，直到使各坐标分量的差值为零，这时棱镜杆底中心位置即为测设点的平面位置

3.2.4　规划条件测设与核验

建筑、市政等工程的拨地测量、定线测量、规划放线测量、规划验线测量、规划条件核验测量，需要以工程的规划条件、经审批的图件为依据。规划条件测设与核验的一些要求见表 3-5。

表 3-5　规划条件测设与核验的一些要求

项目	要求
拨地测量、定线测量的要求	（1）定线测量测定的中线点、轴线点；拨地测量测定的定桩点相对于邻近控制点的点位中误差不应大于 50mm （2）测定道路中心线、边线，其他地物边线的条件点，应均匀分布，并且条件点的涵盖范围，不应小于规划条件中指定范围的 2/3
规划放线测量的要求	（1）拟建工程的主要角点、规划路中线点或边线点、涉及规划条件的角点、建设用地界线点，应实地测设 （2）放线测量，应确保规划条件达到完全满足
规划验线测量的灰线验线测量和正负零验线测量的要求	（1）规划验线测量，应进行灰线验线测量、正负零验线测量 （2）灰线验线测量，需要在工程施工开始前进行 （3）灰线验线测量，应检测对工程位置起重要作用的轴线、中线、边线交点坐标，涉及"四至"关系的细部点位坐标，并且与规划条件和工程设计图等资料进行比对 （4）正负零验线测量，应在工程主体结构施工到正负零时进行 （5）正负零验线测量，应检测工程的条件点坐标、"四至"距离、正负零地坪高程

另外，规划条件核验测量，需要在工程已竣工，并且现场状况符合验收条件后进行。规划条件核验需要符合的一些规定：地物点相对于邻近控制点的点位中误差、地物点间的间距中误差和高程中误差不应大于表 3-6 的规定。

表 3-6　地物点相对于邻近控制点的点位中误差、地物点间的间距中误差和高程中误差

地物点类别	点位中误差 /mm	间距中误差 /mm	高程中误差 /mm
涉及规划条件的地物点	50	70	40
其他地物点	70	100	40

对建筑工程，规划条件核验需要测定工程"四至"距离、层数、高度、总建筑面积、室内外地坪高程、分栋建筑面积、每栋分层建筑面积等。

3.2.5　施工放样与检测

施工放样与检测的要求见表 3-7。

表 3-7　施工放样与检测的要求

项目	要求
工程施工放样的要求	（1）应分析具体工程施工影响因素，以及根据工程施工给定的建筑限差，按等影响原则确定施工测量精度 （2）根据工程施工控制网建立复杂程度与实地测设作业的难易程度，按施工测量精度确定施工控制网精度、实地测设精度 （3）根据相关规定建立工程施工控制网 （4）根据工程的施工进度，进行轴线投测、细部点放样、曲线测设、高程传递等实地测设
实地测设的要求	（1）轴线投测时，需要将工程设计的轴线投测到各施工层上。投测前，需要校核轴线控制桩。投测后，需要根据闭合条件对投测的轴线进行校核，符合项目技术设计或所用技术标准的限差要求时，才可以进行该施工层的其他放样，否则需要重新进行轴线投测 （2）曲线测设时，需要实地测设对曲线相对位置起控制作用的曲线主点、其他特征点 （3）细部点放样时，需要对工程设计资料、计算出的工程特征点进行放样测设。对异形复杂建筑，需要采用三维测量方法放样

续表

项目	要求
需对施工放样结果或有关施工过程进行第三方检测时的要求	（1）检测所用的测量基准，需要与施工放样时的测量基准一致或转换为一致 （2）检测精度不应低于施工测量精度 （3）检测的平面坐标、高程或其他几何量与对应的工程设计成果间的较差大于由项目技术设计或所用技术标准规定中误差计算的极限误差时，需要及时报告

3.3 控制测量

3.3.1 控制测量的一般规定

控制测量就是为了满足现状测量、工程放样、变形监测中的细部测量要求而实施的基础性、框架性测量工作。控制测量也是作为进行各种细部测量的基准。

控制测量可以分为平面控制测量、高程控制测量等（图3-3），其作业过程包括起算点选择、控制点布设、控制网观测、数据处理等，控制测量如图3-4所示。

平面控制测量就是确定控制点的平面位置（X，Y）。

高程控制测量就是确定控制点的高程位置（H）。

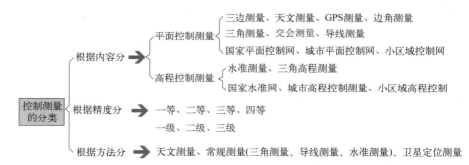

图 3-3 控制测量的类型

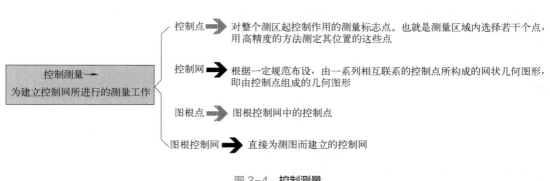

图 3-4 控制测量

城市平面控制网的等级关系见表3-8。

表 3-8　城市平面控制网的等级关系

控制范围	三角（三边）网	城市导线
城市基本控制	三等 四等	二等 三等 四等
小地区首级控制	一级小三角 二级小三角	一级导线 二级导线 三级导线
图根控制	图根三角	图根导线

控制测量一般用于控制网的建立。

① 平面控制网、高程控制网的等级，需要根据工程规模、控制网用途、控制网精度要求等来确定，并且需要符合项目技术设计要求。

② 控制点的数量、分布，需要根据测量目的、工程规模、所测区域情况等经过设计来确定。控制点需要选在坚固稳定、便于观测、易于保护的位置，以及应在其标志埋设稳固后使用。

控制测量需要符合的一些规定如下。

① 平面控制网的投影长度变形值不应大于 25mm/km；有特殊要求时，则要通过项目技术设计来确定。

② 同时进行陆地、水域测量时，应以陆地测量为主布设统一的控制网。

③ 相互接驳的工程，当分别建立控制网时，需要通过联测确定不同控制网间的转换关系。

④ 对隧道、其他地下工程，需要实施地上地下联系测量，以及联系测量要有校核。

⑤ 控制网要具有多余观测。

⑥ 需对控制网进行复测时，复测的精度不应低于原测量的精度。

采用卫星定位测量方法进行平面控制测量时，需要符合的一些规定如下。

① 布设控制点时，要避开多路径、电磁环境的影响。

② 控制网基线平均长度、有效观测卫星数、卫星高度截止角、有效观测时段长度、异步环闭合差、位置精度因子、平差后最弱边相对中误差等技术指标，需要符合项目技术设计或所用技术标准的规定。

采用水准测量方法进行高程控制测量时，需要符合的一些规定如下。

① 应布设成附合水准路线或闭合水准环。

② 水准线路长度、每千米高差偶然中误差、观测次数、每千米高差全中误差、往返测较差、附合或环线闭合差等技术指标，需要符合项目技术设计或所用技术标准的规定。

采用卫星定位测量方法进行高程控制测量时，需要符合的一些规定如下。

① 适用的等级，需要符合项目所用技术标准的规定。

② 应在高程异常模型或精化似大地水准面模型覆盖的区域内施测。高程异常模型或精化似大地水准面模型的精度，需要符合项目技术设计或所用技术标准的规定。

③ 对测定的高程控制点成果，需要进行精度检测，检测点数不应少于 3 个。

3.3.2　现状测量、工程放样与变形监测的控制测量

现状测量、工程放样与变形监测的控制测量见表3-9。

表 3-9　现状测量、工程放样与变形监测的控制测量

项目	解释
现状测量、控制测量的要求	（1）现状测量的控制点，需要优先使用国家、地方各等级控制点 （2）当已有控制点不满足现状测量需要时，则需要利用国家、地方等级控制点作为起算点建立控制网。控制网起算点的等级、数量，以及控制测量的具体技术要求，需要符合项目技术设计或所用技术标准的规定
工程放样控制测量的要求	（1）规划条件测设、核验时，需要使用国家、地方等级控制点。当已有控制点不满足需要时，应进行控制点的加密 （2）工程施工控制网需要符合的一些规定如下 ①平面坐标系，需要与工程的施工坐标系一致 ②需要根据工程的类型、布局、规模、场地状况布设控制网，控制点密度及分布应满足工程不同部位施工放样需要 ③控制点的平面位置、高程中误差，分别不应大于施工测量平面位置、高程中误差的1/3 ④工程施工过程中，需要根据施工周期、地形、环境变化情况等对控制网进行复测 （3）隧道或其他地下工程施工控制测量需要符合的一些规定如下 ①需要根据两个开挖洞口间的长度、贯通误差的限差，确定洞外洞内平面、高程控制测量的精度要求 ②洞外控制网，需要沿两个开挖洞口的连线方向布设。各洞口均需要布设不少于 3 个相互通视的平面控制点 ③两开挖洞口、斜井、竖井、平洞口的高程控制点，需要与有关洞外高程控制点组成闭合或往返路线
变形监测的控制测量	对于变形监测，应布设基准点，并且需要符合的一些规定如下 （1）基准点要布设在监测对象变形影响范围以外，并且位置稳定、易于长期保存的地方 （2）基准点数量、网形结构、观测精度，需要符合项目技术设计或所用技术标准的规定 （3）基准点需要单独构网，或与工作基点、监测点联合构网 基准点的测量及稳定性分析，需要符合的一些规定如下 （1）各期变形观测时，需要对基准点进行检测，当发现基准点有可能变动，或当监测点观测成果出现系统性异常时，要进行基准点复测 （2）用于长期变形监测的基准点，要定期复测，复测周期要符合项目技术设计或所用技术标准的规定 （3）当基准点所在区域受到地震、洪水、爆破等外界因素影响时，需要进行基准点复测 （4）基准点复测后，需要对基准点的稳定性进行检验分析。对不稳定的基准点，要予以舍弃。当剩余的基准点数不满足项目技术设计或所用技术标准的规定时，要补充布设新的基准点

 知识贴士

　　基准点，就是为了进行变形监测而布设的稳定的、长期保存的、作为变形参照的控制点。

3.3.3　图根控制网的建立

　　为了适应地形测图的需要，还必须在国家控制网的基础上进一步加密控制点，直接供地形测图使用的控制点组合而成的控制网为图根控制网。

图根控制网的建立方法可采用导线测量、小三角测量、交定点、前方交会法（图 3-5）等。

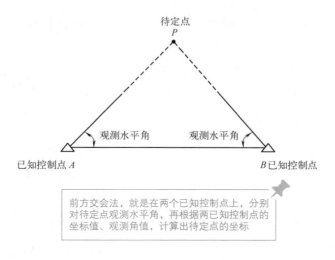

图 3-5　前方交会法

3.4　现状测量

3.4.1　现状测量的一般规定

现状测量也叫作现状测绘，其是在一定时点，获取地面、地下、水域地物、地貌要素的地理信息，以及根据一定规则对其进行可视化表达的工作。

现状测量的成果形式可包括数字线划图、数字高程模型、数字正射影像图、数字表面模型、三维模型、工程断面图、特征点平面坐标、高程、有关几何量值（例如高度、长度、面积、土方量等）。

地理信息，就是描述地理实体的空间特征、时间特征、专题特征的信息，通常使用几何数据、属性数据来表达。

现状测量，需要根据项目技术设计在确定的时点采集建设工程所在区域的地理信息数据，以及制作相应的测量成果。具体成果的内容、要求，需要根据项目需求、成果用途通过项目技术设计来确定。

现状测量的作业时点，需要根据成果用途、现势性要求、所测区域地形变化特征等来确定，并且需要符合一些规定，如图 3-6 所示。

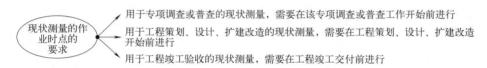

图 3-6　现状测量的作业时点的要求

现状测量需要符合的一些规定如图 3-7 所示。

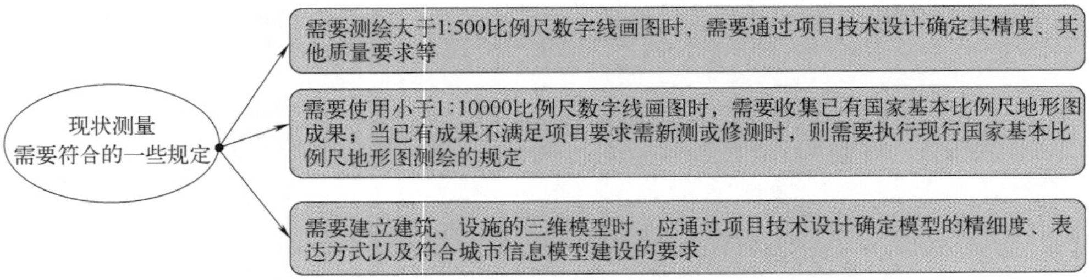

图 3-7　现状测量需要符合的一些规定

3.4.2　地面现状测量——数字线划图测绘要求

地面现状测量——数字线划图测绘要求见表 3-10。

表 3-10　地面现状测量——数字线划图测绘要求

项目	解释
基本等高距的要求	基本等高距不应大于下表的规定，其中地形类别划分需要符合的规定，具体见下表 **数字线划图基本等高距** 详见下方表格 **地形类别划分** 详见下方表格
平面精度的要求	平面精度需要采用明显地物点相对于邻近控制点的平面位置中误差衡量，不应大于下表的规定 **数字线划图平面精度** 详见下方表格 说明：对隐蔽地区、其他施测困难地区，不应大于表中规定值的 1.5 倍

数字线划图基本等高距

比例尺	基本等高距 /m			
	平地	丘陵地	山地	高山地
1：500	0.5	0.5	1.0	1.0
1：1000	0.5	1.0	1.0	2.5
1：2000	1.0	1.0	2.5	2.5
1：5000	1.0	2.5	5.0	5.0
1：10000	1.0	2.5	5.0	10.0

地形类别划分

地形类别	划分原则
平地	大部分地面坡度在 2°以下（不含）的地区
丘陵地	大部分地面坡度在 2°（含）～6°（不含）的地区
山地	大部分地面坡度在 6°（含）～25°（不含）的地区
高山地	大部分地面坡度在 25°（含）以上的地区

数字线划图平面精度

比例尺	明显地物点平面位置中误差 /m			
	平地	丘陵地	山地	高山地
1：500	0.30	0.30	0.40	0.40
1：1000	0.60	0.60	0.80	0.80
1：2000	1.20	1.20	1.60	1.60
1：5000	2.50	2.50	3.75	3.75
1：10000	5.00	5.00	7.50	7.50

续表

项目	解释
高程精度的要求	高程精度需要以高程注记点、等高线插求点相对于邻近控制点的高程中误差衡量，并且需要符合的规定：1 ： 500、1 ： 1000 比例尺数字线划图高程注记点的高程中误差不应大于 0.15m。 **数字线划图等高线插求点高程精度** 表见下 注：ΔH 为基本等高距 说明：对于隐蔽、其他施测困难地区，不应大于表中规定值的 1.5 倍
测绘内容的要求	测绘内容应根据项目需求和成果用途通过项目技术设计确定；图示符号应符合现行国家基本比例尺地形图图示的规定
测绘用于工程竣工验收的数字线划图的要求	当测绘用于工程竣工验收的数字线划图时，地物点的平面和高程精度应符合项目技术设计或所用技术标准的规定

数字线划图等高线插求点高程精度

地形类别	等高线插求点高程中误差
平地	$1/3 \times \Delta H$
丘陵地	$1/2 \times \Delta H$
山地	$2/3 \times \Delta H$
高山地	$1 \times \Delta H$

3.4.3 地面现状测量——数字正射影像图制作要求

地面现状测量——数字正射影像图制作需要符合的规定如下。

① 影像地面分辨率不应低于表 3-11 的规定。

表 3-11 影像地面分辨率规定

影像地面分辨率 /m	对应数字线划图比例尺
0.05	1 ： 500
0.1	1 ： 1000
0.2	1 ： 2000
0.5	1 ： 5000
1.0	1 ： 10000

② 对于平面精度，需要采用影像上地面明显地物点相对邻近控制点的平面位置中误差衡量，并且与对应比例尺数字线划图的平面精度要求一致。

③ 对于影像，需要满足连续、清晰、无变形、无缺漏、无重叠等要求。

3.4.4 地面现状测量——数字高程模型、数字表面模型要求

数字高程模型、数字表面模型需要符合的一些规定如下。

① 对于模型，需要采用规则格网数据或点云数据的形式表达，其规格等级需要符合表 3-12 的规定。

② 对于模型精度，需要采用格网点或点云点相对于邻近控制点的高程中误差衡量。高程中误差不应大于表 3-13 的规定。对于隐蔽、其他施测困难地区，不应大于表 3-13 规定值的 1.5 倍。

表 3-12　数字高程模型、数字表面模型规格等级规定

规格等级	规则格网数据	点云数据	
	格网间距 /m	平均点间距 /m	密度 /（点 /m²）
Ⅰ级	0.5	≤ 0.25	≥ 16
Ⅱ级	1.0	≤ 0.5	≥ 4
Ⅲ级	2.0	≤ 1.0	≥ 1
Ⅳ级	5.0	≤ 2.0	≥ 1/4

表 3-13　数字高程模型、数字表面模型精度要求

规格等级	格网点或点云点的高程中误差 /m			
	平地	丘陵地	山地	高山地
Ⅰ级	0.25	0.50	0.75	1.25
Ⅱ级	0.50	0.75	1.50	2.50
Ⅲ级	0.50	1.25	2.50	3.50
Ⅳ级	0.75	1.75	3.50	5.00

3.4.5　线状工程断面图测绘要求

道路、桥梁、轨道交通、架空线路、沟渠等线状工程断面图测绘需要符合的一些规定如下。

① 纵断面图需要沿线状工程的中线测定，纵断面点需要能可靠地描述中线的地形起伏特征。

② 横断面图的间隔需要与线状工程中线的地形起伏特征相适应。每一横断面图都需要与中线垂直，横断面点需要自中线点分别向两侧延伸，并且能够可靠地描述该横断面的地形起伏特征。

3.5　地下空间设施测量与水域现状测量

3.5.1　地下空间设施测量要求

地下空间设施测量要求见表 3-14。

表 3-14　地下空间设施测量要求

项目	测量要求
地下管线及附属设施测量的要求	（1）应测定各类管线的起讫点、分支点、交叉点、转折点，以及附属设施的角点等明显特征点的平面坐标、高程 （2）测定高程时，需要区分管线的外顶高程、内底高程 （3）管线明显特征点相对于邻近控制点的平面位置中误差不应大于50mm，高程中误差不应大于30mm （4）需要调查管线的权属、类型、断面形状、材质、尺寸、附属设施的用途、结构类型等基本属性信息 （5）需要编绘反映地下管线、附属设施及其与地面道路、绿地、建筑等要素间关系的综合图

续表

项目	测量要求
地下综合体、交通设施、建筑物、综合管廊测量要求	（1）需要测定各类明显特征点的平面坐标、高程 （2）特征点相对于邻近控制点的平面位置中误差不应大于100mm，高程中误差不应大于30mm （3）需要测绘反映地下空间设施完整布局、类型、位置、形状、大小等的平面图 （4）平面图上，需要测注高程点、地下空间净空高度；通风口、出入口、通道、消防和其他应急设施必须测定，并且完整表达。对多层地下空间，则需要测绘分层平面图 （5）编绘综合图时，需要在平面图基础上叠加与地下空间设施相关的地面建筑、道路、绿地等要素 （6）测绘断面图时，需要根据地下空间设施基本特征选择断面位置、方向

3.5.2　水域现状测量要求

水域现状测量要求见表 3-15。

表 3-15　水域现状测量要求

项目	规定
水域现状测量的要求	（1）需要测定水上建筑、水下地形、水位或水面高程、水域与陆地交界处的沿岸地形 （2）沿岸地形测量，需要与陆地测量相衔接
水下地形测量的要求	（1）测深点的间距不应大于所测比例尺图上 10mm （2）测深点的平面位置中误差要求如下 当测图比例尺小于或等于 1 ∶ 5000 时，不应大于图上 1.0mm 当测图比例尺大于 1 ∶ 5000 且小于 1 ∶ 500 时，不应大于图上 1.5mm 当测图比例尺大于或等于 1 ∶ 500 时，不应大于图上 2.0mm （3）测深点的深度中误差如下 当水深在 20m 内时，不应大于 0.2m 当水深超过 20m 时，不应大于水深的 1.5%
水位或水面高程测量的要求	（1）水位或水面高程测量成果应与水深测量相协同，测定时间及频率需要根据水情、潮汐变化等来确定 （2）水位或水面高程测量精度不应低于图根点的高程精度

第 4 章
距离、角度与水准测量放线与计算

4.1 距离测量放线与计算

4.1.1 视距测量误差来源

视距测量是利用水准仪的望远镜内十字丝分划板上的视距丝在视距尺（水准尺）上读数，根据光学、几何学原理，同时测定仪器到地面点的水平距离、高差的一种方法。

视距测量误差来源有仪器误差、观测误差、外界影响，如图 4-1 所示。

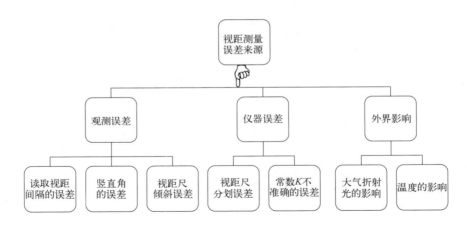

图 4-1　视距测量误差来源

读数误差与视距丝在视距尺上的读数有关。大气折射光的影响与距离的平方成比例地增加，尤其是当视线接近地面时，垂直折射光引起的误差较大。视距常数的不准确也会引起测量误差。

 知识贴士

视距尺一般应是以厘米为单位刻划的整体尺。如果使用塔尺，需要注意检查各节尺的接头是否准确。另外，视距测量要在成像稳定的情况下进行。

4.1.2　水平距离测设

　　水平距离测设可以分为钢尺一般测设法、钢尺精密测设、端点改正法等。钢尺一般测设法，就是改变尺端点位置进行两次测设，取两次测设点位的中间位置作为直线端点的最终位置。钢尺精密测设，就是测设前对钢尺进行检验，测设前先量测温度，利用尺长公式进行尺长、温度、倾斜改正，反算出应量距离，再测设。

　　端点改正法的水平距离测设如图 4-2 所示。

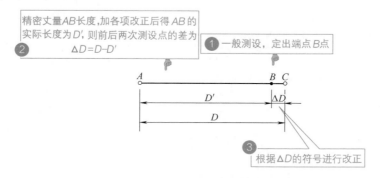

图 4-2　端点改正法的水平距离测设

4.1.3　直线定线

　　直线定线，就是当地面上两点间距离超过钢尺的全长时，用钢尺一次不能量完，量距前就需要在直线方向上标定若干个分段点，并且竖立标杆或测钎以标明方向。

　　直线定线常可以分为目估定线、经纬仪定线等方法。

　　目估定线如图 4-3 所示。可采用相同方法定出直线上的其他点。

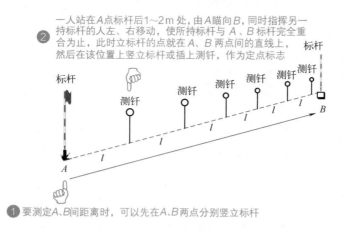

图 4-3　目估定线

　　两点间的水平距离计算公式如下。

$$S_{AB}=nl+\Delta$$

式中　l ——整尺段长；

Δ ——余长，也就是不足一整尺段的余长；

S_{AB} ——AB 两点间的水平距离；

n ——整尺段数（即后尺手手中的测钎数）。

由 $A \to B$ 的丈量工作称为往测，其结果称为 $S_{往}$。为了防止错误与提高测量精度，需要往返各丈量一次。由 $B \to A$ 进行返测，得到 $S_{返}$，然后计算往、返测平均值。

计算往返丈量的相对误差 K，并且把往返丈量所得距离的差数除以该距离的平均值，也就是计算出丈量的相对精度。如果相对误差满足精度要求，则可以将往、返测平均值作为最后的丈量结果。

往返丈量差的计算公式如下：

$$\Delta S = S_{往} - S_{返}$$

往返丈量的相对误差 K 的计算如图 4-4 所示。

$$S_{平均} = (S_{往} + S_{返})/2$$

$$k = \frac{|S_{往} - S_{返}|}{S_{平均}} = \frac{1}{S_{平均}/|S_{往} - S_{返}|}$$

往返丈量的
相对误差 K

往返测平均值

图 4-4 往返丈量的相对误差 K 的计算

相对误差 K 是衡量丈量结果精度的指标，往往用一个分子为 1 的分数来表示。相对误差的分母越大，则说明量距的精度越高。钢尺量距的相对误差一般不应低于 1/3000，量距较困难地区不应低于 1/1000。一般量距 $K \leqslant 1/3000$（平坦）或 $K \leqslant 1/1000$（山区）。

经纬仪定线，就是在直线的一个端点安置经纬仪后，对中、整平，然后用望远镜十字丝竖丝瞄准另一个端点目标，并且固定照准部。观测员指挥另一个测量员持测钎由远及近，并且将测钎根据十字丝纵丝位置垂直插入地下，即得到各分段点。

经纬仪定线法如图 4-5 所示。

❷ 观测员指挥另一个测量员持测钎由远及近，并且将测钎
根据十字丝纵丝位置垂直插入地下，即得到各分段点

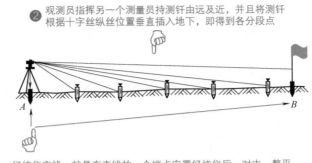

❶ 经纬仪定线，就是在直线的一个端点安置经纬仪后，对中、整平，
然后用望远镜十字丝竖丝瞄准另一个端点目标，并且固定照准部

图 4-5 经纬仪定线法

案 例

用钢尺丈量 A、B 两点间的距离，往测值为 165.423m，返测值为 165.454m，能否取往返结果的平均值作为两点间的水平距离？

① 通过计算：AB 距离平均值 $S_{平均}$=（165.423+165.454）/2=165.439（m）。

相对误差 K（相对误差的分母计算时收舍到百位）为

$$K = \frac{|165.423-165.454|}{165.439} = \frac{0.031}{165.439} \approx \frac{1}{5300}$$

比较相对误差与精度要求：将 1/5300 与 1/3000 比较。

② 结论：说明该例量距精度合格，则可以取往返结果的平均值作为两点间的水平距离。

4.1.4 倾斜地面的距离丈量——平量法

倾斜地面丈量距离，当尺段两端的高差不大但是地面坡度变化不均匀时，一般都将钢尺拉平丈量。

丈量由 A 向 B 进行，后尺手立于 A 点，指挥前尺手将尺拉在 AB 方向线上，后尺手将尺的零点对准 A 点，前尺手将尺子抬高并目估使尺子水平，然后用垂球将尺的某一刻划投于地面上，插上测钎，如图 4-6 所示。

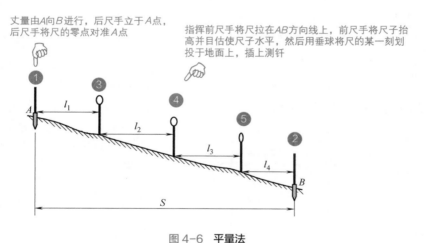

图 4-6 平量法

知识贴士

用平量法进行丈量，从山坡上部向下坡方向丈量比较容易。因此，丈量时两次均由高到低进行。

4.1.5　倾斜地面的距离丈量——斜量法

倾斜地面的坡度比较均匀时，可以在斜坡上丈量出 AB 的斜距 L，并且测出地面倾角 α，或者 A、B 两点高差 h，再计算出 AB 的水平距离 S，如图 4-7 所示。

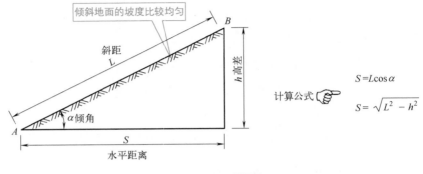

$$S = L\cos\alpha$$

$$S = \sqrt{L^2 - h^2}$$

图 4-7　斜量法

 知识贴士

用测钎标志点位，测钎要竖直插下。前后尺所量测钎的部位应一致。前后尺手动作要配合好，定线要直，尺身要水平，尺子要拉紧，用力要均匀，等尺子稳定时再读数或插测钎。

4.1.6　平坦地面的量距

平坦地面的量距与计算如图 4-8 所示。

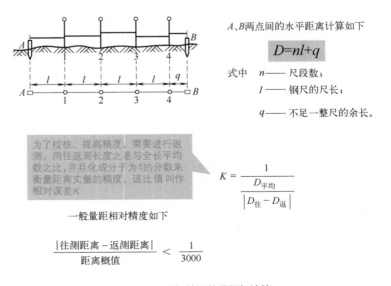

A、B 两点间的水平距离计算如下

$$D = nl + q$$

式中　n——尺段数；

l——钢尺的尺长；

q——不足一整尺的余长。

为了校核、提高精度，需要进行返测，用往返测长度之差与全长平均数之比，并且化成分子为1的分数来衡量距离丈量的精度，该比值叫作相对误差 K

$$K = \cfrac{1}{\cfrac{D_{平均}}{|D_{往} - D_{返}|}}$$

一般量距相对精度如下

$$\frac{|往测距离 - 返测距离|}{距离概值} < \frac{1}{3000}$$

图 4-8　平坦地面的量距与计算

4.2　角度测量放线与计算

4.2.1　水平角定义与测量原理

测量角度常用光学经纬仪，其能够测量水平角、垂直角。水平角用于求算地面点的坐标、两点间的坐标方位角。垂直角用于求算高差或将倾斜距离换算成水平距离。

水平角定义如图 4-9 所示。水平角角值范围为 $0° \sim 360°$。

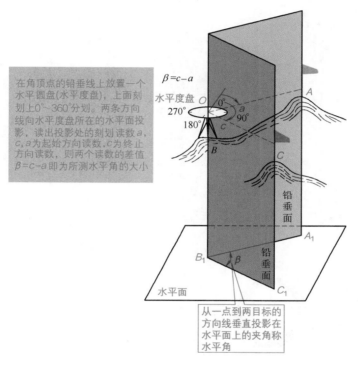

图 4-9　水平角定义

💡 **知识贴士**

水平角可以采用经纬仪、角度仪、测角仪、水平仪等仪器来测量。经纬仪可以用于测量水平角的大小，并且使用角度仪来显示指向目标的方向。

4.2.2　竖直角定义与测量原理

在同一铅垂面内，瞄准目标的倾斜视线与水平视线的夹角，也叫竖直角，即垂直角，如图 4-10 所示。垂直角角值范围 $0° \sim \pm 90°$。测角仪器经纬仪，还必须装一个能铅垂放置的度盘即垂直度盘，或称为竖盘。

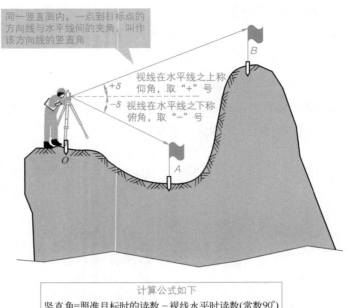

计算公式如下

竖直角=照准目标时的读数−视线水平时读数(常数90°)

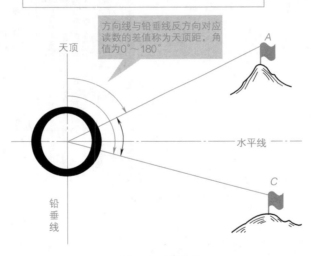

图4-10　**垂直角**

4.2.3　角的基本测量案例

测设已知水平角，有一般测设方法（盘左盘右分中法）、精确测设方法、钢尺测设法（几何测设法），如图4-11所示。

 案　例

已有：测站 A、后视方向 B。

已知：水平角数据（设计已知）。

确定： C 方向。

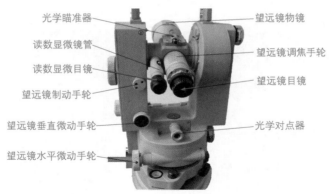

光学瞄准器　　　　　　　望远镜物镜
读数显微镜管　　　　　　望远镜调焦手轮
读数显微目镜　　　　　　望远镜目镜
望远镜制动手轮
望远镜垂直微动手轮　　　光学对点器
望远镜水平微动手轮

正镜观测外观

正镜也叫作盘左，也就是观测者面对望远镜目镜时，竖盘在望远镜左侧。为了寻找目标，当望远镜在竖直面内上下转动时，竖盘与望远镜一起转动

正镜

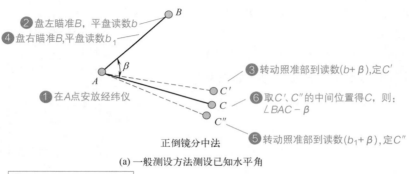

② 盘左瞄准 B，平盘读数 b
④ 盘右瞄准 B，平盘读数 b_1

③ 转动照准部到读数 $(b+\beta)$，定 C'

① 在 A 点安放经纬仪

⑥ 取 C'、C'' 的中间位置得 C，则：
$\angle BAC = \beta$

⑤ 转动照准部到读数 $(b_1+\beta)$，定 C''

正倒镜分中法

(a) 一般测设方法测设已知水平角

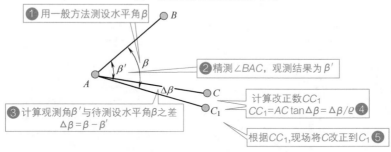

① 用一般方法测设水平角 β

② 精测 $\angle BAC$，观测结果为 β'

③ 计算观测角 β' 与待测设水平角 β 之差
$\Delta\beta = \beta - \beta'$

计算改正数 CC_1
$CC_1 = AC\tan\Delta\beta = \Delta\beta/\varrho$ ④

根据 CC_1，现场将 C 改正到 C_1 ⑤

(b) 精确测设方法测设已知水平角

已知方向：OA
测设角度：β

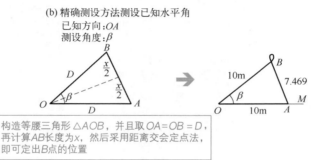

构造等腰三角形 $\triangle AOB$，并且取 $OA=OB=D$，再计算 AB 长度为 x，然后采用距离交会定点法，即可定出 B 点的位置

(c) 钢尺测设法 (几何测设法)

图 4-11 测设已知水平角

💡 **知识贴士**

角度放样，就是在一点上设站，以该点的某一固定方向为起始方向，根据设计转角放出另一个方向。

4.2.4 经纬仪竖直度盘的构造

竖直度盘的构造，包括竖盘、竖盘指标水准管、微动螺旋等，如图 4-12 所示。

读数指标线固定不动，而整个竖盘随望远镜一起转动。竖盘的注记形式有顺时针与逆时针两种。竖直度盘与水平度盘一样，竖盘也是全圆 360°分划。正常情况下，视线水平时竖盘读数应为 90°或 270°。

根据度盘的刻划顺序不同，竖直度盘分为顺时针注记、逆时针注记两种，如图 4-13 所示。

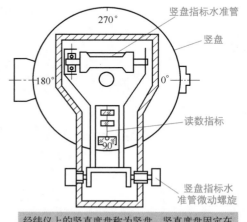

经纬仪上的竖直度盘称为竖盘，竖直度盘固定在望远镜的旋转轴(横轴)上

图 4-12 竖直度盘的构造

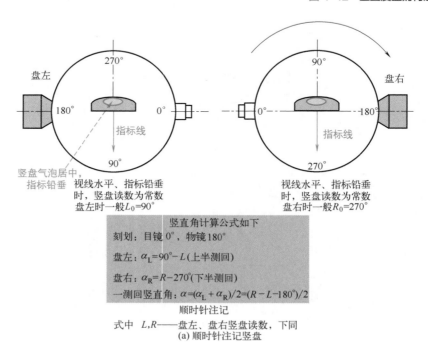

视线水平、指标铅垂时，竖盘读数为常数盘左时一般 $L_0=90°$

竖盘气泡居中，指标铅垂

视线水平、指标铅垂时，竖盘读数为常数盘右时一般 $R_0=270°$

竖直角计算公式如下

刻划：目镜 0°，物镜 180°

盘左：$\alpha_L = 90° - L$（上半测回）

盘右：$\alpha_R = R - 270°$（下半测回）

一测回竖直角：$\alpha = (\alpha_L + \alpha_R)/2 = (R - L - 180°)/2$

顺时针注记

式中 L, R——盘左、盘右竖盘读数，下同

(a) 顺时针注记竖盘

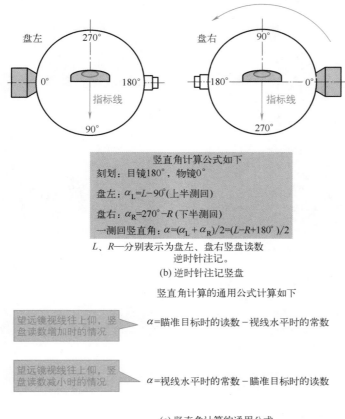

竖直角计算公式如下

刻划：目镜180°，物镜0°

盘左：$\alpha_L = L - 90°$（上半测回）

盘右：$\alpha_R = 270° - R$（下半测回）

一测回竖直角：$\alpha = (\alpha_L + \alpha_R)/2 = (L - R + 180°)/2$

L、R——分别表示为盘左、盘右竖盘读数

逆时针注记。

(b) 逆时针注记竖盘

竖直角计算的通用公式计算如下

望远镜视线往上仰，竖盘读数增加时的情况

$\alpha =$ 瞄准目标时的读数 − 视线水平时的常数

望远镜视线往上仰，竖盘读数减小时的情况

$\alpha =$ 视线水平时的常数 − 瞄准目标时的读数

(c) 竖直角计算的通用公式

图 4-13　竖直度盘的刻划

4.2.5　竖盘读数指标差

由于竖盘水准管与竖盘读数指标的关系不正确，使视线水平时的读数与应有读数有一个小的角度差 x，称为竖盘指标差，如图 4-14 所示。

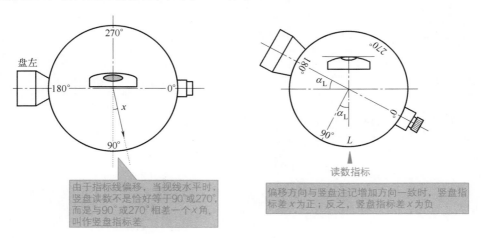

由于指标线偏移，当视线水平时，竖盘读数不是恰好等于90°或270°，而是与90°或270°相差一个 x 角，叫作竖盘指标差

偏移方向与竖盘注记增加方向一致时，竖盘指标差 x 为正；反之，竖盘指标差 x 为负

图 4-14　竖盘读数指标差

竖盘读数指标差的计算如图 4-15 所示。

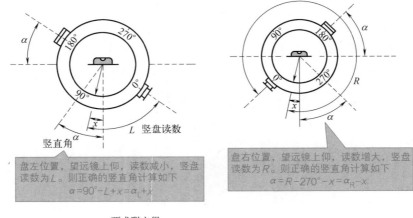

盘左位置，望远镜上仰，读数减小，竖盘读数为 L。则正确的竖直角计算如下
$$\alpha = 90° - L + x = \alpha_L + x$$

盘右位置，望远镜上仰，读数增大，竖盘读数为 R。则正确的竖直角计算如下
$$\alpha = R - 270° - x = \alpha_R - x$$

两式联立得

$$\alpha = \frac{1}{2}(\alpha_L + \alpha_R) = \frac{1}{2}(R - L - 180°)$$

通过盘左、盘右竖直角取平均值，可以消除指标差

$$\chi = \frac{1}{2}(\alpha_R - \alpha_L) = \frac{1}{2}(R + L - 360°)$$

图 4-15　竖盘读数指标差的计算

4.2.6　水准仪水平刻度盘测量角度

有的水准仪具有水平刻度盘，可以利用其测量角度，如图 4-16 所示。

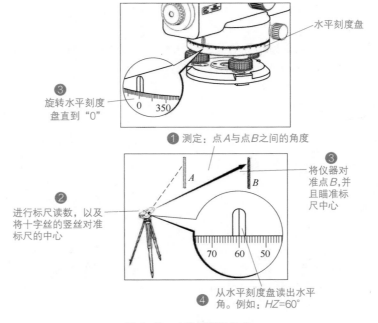

水平刻度盘

❸ 旋转水平刻度盘直到"0"

❶ 测定：点 A 与点 B 之间的角度

❸ 将仪器对准点 B，并且瞄准标尺中心

❷ 进行标尺读数，以及将十字丝的竖丝对准标尺的中心

❹ 从水平刻度盘读出水平角。例如：$HZ = 60°$

图 4-16　水准仪测量角度

4.3 水准测量放线与计算

4.3.1 水准测量的原理

水准点记为 BM（bench mark）。水准点就是用水准测量的方法测定的高程控制点。水准点有永久性水准点、临时性水准点两种。一些水准点标志如图 4-17 所示。

扫码看视频

水准点

图 4-17　一些水准点标志

利用水准仪提供的水平视线，借助水准仪提供的水平视线以及带有分划的水准尺，直接测定地面上两点间的高差，再根据已知点高程、测得高差，计算出未知点的高程。

水准测量的原理如图 4-18 所示。

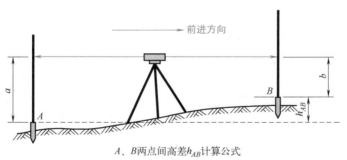

A、B两点间高差h_{AB}计算公式

$$h_{AB} = a - b$$

A点为后视点，A点尺上的读数a称为后视读数。
B点为前视点，B点尺上的读数b称为前视读数。
高差等于后视读数减去前视读数

图 4-18　水准测量的原理

4.3.2 水准仪线水准测量

例如，用水准仪测定点 A 和点 B 间的高差（ΔH）的方法与计算，如图 4-19 所示。

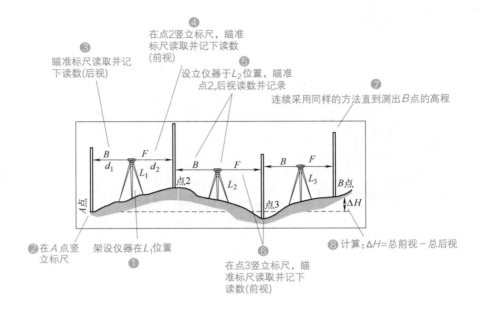

图 4-19　水准仪线水准测量

例如

点号	后视 B	前视 F	读数
A	+2.502		650.100
2	+0.911	−1.803	
3	+3.103	−1.930	
B		−0.981	651.902
计算	+6.516	−4.714	ΔH=+1.802

4.3.3　水准路线与成果检核

　　水准点间进行水准测量所经过的路线叫作水准路线。相邻两水准点间的路线叫作测段。

　　一般的工程测量中，水准路线布设形式主要有三种：附合水准路线、闭合水准路线、支水准路线等，如图 4-20 所示。

　　立标尺的点 1、2、3、4……称为转点。转点在前一测站先作为待求高程的点，再在下一测站作为已知高程的点。转点主要起到传递高程的作用。为此，转点很重要，其产生的任何差错，都会影响到后面所有点的高程。

　　放置仪器的点称为测站。

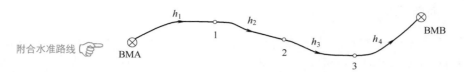

附合水准路线 ☞

从已知高程的水准点BMA出发，沿着待定高程的水准点1、2、3进行
水准测量，最后附合到另一已知高程的水准点BMB所构成的水准路线

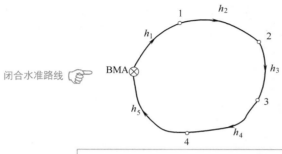

闭合水准路线 ☞

从已知高程的水准点BMA出发，沿着各待定高程的水准点1、2、3、4进行
水准测量，最后又回到原出发点BMA的环形路线

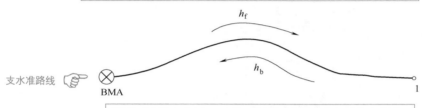

支水准路线 ☞

从已知高程的水准点BMA出发，沿待定高程的水准点1进行水准测量，
既不闭合又不附合的水准路线

图 4-20　水准路线布设形式

 知识贴士

地面点的标设，就是采用特殊标志将地面上的点标设出来的工作，如图 4-21
所示。

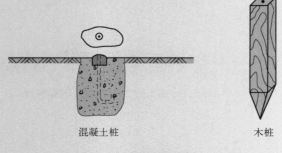

混凝土桩　　　　　木桩

图 4-21　地面点的标设

4.3.4　高程的类型

绝对高程又称为海拔，其是地面上某点到大地水准面的铅垂距离，如图 4-22 所示。

相对高程或该点的假定高程，就是地面上某点到假设水准面的铅垂距离。相对高程本质上就是标高。

高差就是地面两点间的绝对高程或相对高程之差，一般用 h 表示。

建筑标高，就是在相对标高中，包括了装饰层厚度的标高。注写在构件的装饰层面上，也叫面层标高。建筑相对标高是把建筑室内首层地面高度定为相对标高的零点，用于建筑物施工图的标高标注。

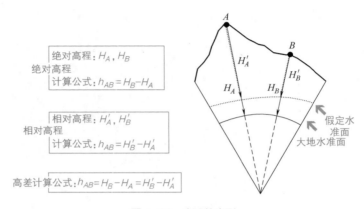

图 4-22　高程的类型

4.3.5　国家高程控制网与工程高程控制网

国家高程控制网，又叫作国家水准网，其是用精密水准测量方法建立的。

工程建设中的高程控制网，是根据由高级到低级分级布设的原则，高程控制网的等级分为二、三、四、五等水准及图根水准，如图 4-23 所示。水准点应有一定的密度，一般沿水准路线每 1 ～ 3km 埋设一点，并且埋设后要绘制点。水准观测须待埋设的水准点稳定后才可以进行。

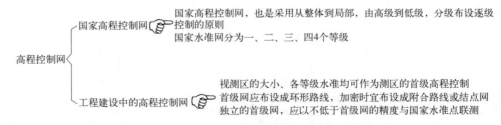

图 4-23　国家高程控制网与工程高程控制网

4.3.6　三角高程测量

根据两点间的水平距离或斜距离、竖直角来求出两点间的高差。三角高程测量又可分为经纬仪三角高程测量、光电测距三角高程测量，如图 4-24 所示。

　　三角高程测量精度较低，主要用于山区的高程控制、平面控制点的高程测定。

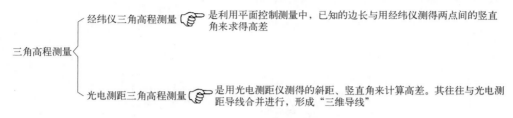

图 4-24　　三角高程测量

4.3.7　高程的计算

　　进行高程测量的主要方法有水准测量、三角高程测量。水准测量是指利用水平视线来测量两点间的高差。水准测量的精度较高，所以水准测量是高程测量中最主要的方法。

　　高程测量的任务主要是计算出点的高程，也就是求出该点到某一基准面的垂直距离（高差）。水准测量的目的不仅是获得两点的高差，而且是要求得出一系列点的高程。

　　高程基准面有 1956 黄海高程系、1985 国家高程基准，应用时需要注意到高程基准面的差异。1956 黄海高程系，就是采用青岛验潮站 1950 ～ 1956 年观测结果求得的黄海平均海水面作为高程基准面。1985 国家高程基准，就是国家规定采用青岛验潮站 1952 ～ 1979 年的观测资料，计算得出的平均海水面作为新的高程基准面。1985 国家高程基准，测定的青岛水准原点高程为 72. 260m。基准点，即水准原点。高程基准面，一般为大地水准面。

　　高程测量是根据"从整体到局部"的原则进行的，也就是先在路段内设立一些高程控制点，并且精确测出其高程，再根据这些高程控制点测量附近其他点的高程。这些高程控制点就叫作水准点，工程上常用 BM 来标记。

　　水准点一般采用混凝土标石制成，顶部嵌有金属的标志。标石需要埋在地下，埋设深度要超过冻层。标石埋设地点需要选在地质稳定、便于使用与便于保存的地方。用精确方法测定水准点的高程，构成高程控制网。

　　在已知高程点上的水准尺读数，称为"后视读数"。在待求高程点上的水准尺读数，称为"前视读数"。高差必须是后视读数减去前视读数。有的转点上既有前视读数，又有后视读数。

　　高差的值可能是正，也可能是负。高差正值，表示待求点高差高于已知点高差，负值表示待求点高差低于已知点高差。高差的正负号还与测量进行的方向有关。因此，说明高差时必须标明高差的正负号，同时说明测量进行的方向。

　　两点相距较远或高差太大时，可分段连续进行测量。

 知识贴士

　　测站仪器的视线高程简称仪器高。

4.3.8　计算待测点的高程

计算待测点的高程有高差法、视线高法等，如图 4-25 所示。

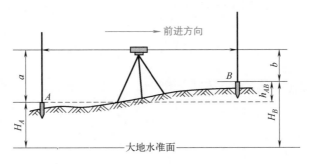

高差法计算公式：$H_B = H_A + h_{AB}$

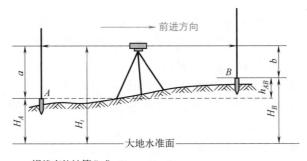

视线高法计算公式：$H_A + a = H_B + b$

图 4-25　**计算待测点的高程**

 案　例

高程的测设案例如图 4-26 所示。

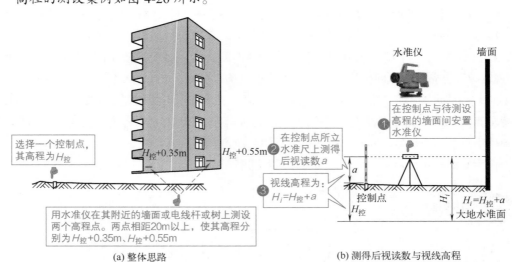

(a) 整体思路　　　　　　　　(b) 测得后视读数与视线高程

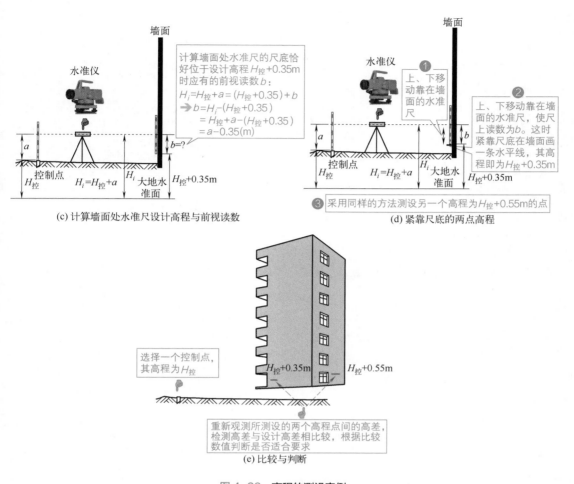

(c) 计算墙面处水准尺设计高程与前视读数　　　　(d) 紧靠尺底的两点高程

图 4-26　高程的测设案例

 知识贴士

　　水平面代替水准面对高程与距离的影响：测量区范围较小时，可以把水准面看作水平面。半径为 10km 的范围内，地球曲率对水平距离的影响可以忽略不计。对于精确度要求较低的测量，可以扩大到以 25km 为半径的范围内。距离为 100m 时，高差误差接近 1mm，这对高程测量来说影响很大。因此，进行高程测量时，必须考虑地球曲率对高程的影响。

4.3.9　测设深坑已知高程点

　　测设已知高程，常见的有测设地面点高程、测设深坑已知高程点（图 4-27）、测设已知坡度的直线等。

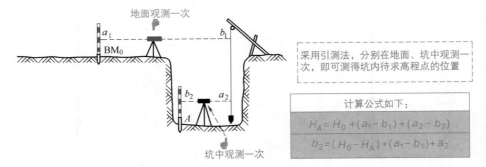

图 4-27　测设深坑已知高程点

4.3.10　计算高差闭合差

所测高差与理论高差之间的差值，就是高差闭合差，如图 4-28 所示。

$$\underset{\text{高差闭合差}}{f_h} = \underset{\text{所测高差}}{\sum h_{\text{测}}} - \underset{\text{理论高差}}{\sum h_{\text{理}}}$$

对于闭合水准路线的计算如下：

$$\underset{\text{高差闭合差}}{f_h} = \underset{\text{所测高差}}{\sum h_{\text{测}}} - \underset{\text{理论高差}}{\sum h_{\text{理}}} = \sum h_{\text{测}}$$

对于附合水准路线的计算如下：

$$\underset{\text{高差闭合差}}{f_h} = \underset{\text{所测高差}}{\sum h_{\text{测}}} - \underset{\text{理论高差}}{\sum h_{\text{理}}} = \sum h_{\text{测}} - (H_{\text{终}} - H_{\text{始}})$$

对于支水准路线的计算如下：

$$f_h = \sum h_{\text{往}} + \sum h_{\text{返}}$$

图 4-28　计算高差闭合差

第5章
建筑施工、建筑物变形测量放线与计算

5.1 建筑施工测量放线与计算

5.1.1 建筑测量的工艺流程

建筑是建筑物与构筑物的统称。狭义的建筑物是指房屋，不包括构筑物。房屋是指供人在内居住、工作、学习、娱乐、储藏物品、进行其他活动的空间场所。广义的建筑物是指人工建筑而成的所有东西，包括房屋、构筑物。构筑物一般是指人们不直接在内进行生产与生活活动的场所。

建筑测量的工艺流程，包括熟悉图纸→熟悉施工现场→联系总包、监理单位等，确定基准点→水准测量→土建主体结构的复核→平面控制网的建立→测得幕墙控制线→复测→测量放线成果的整理、报验、存档，如图 5-1 所示。

图 5-1 建筑测量的工艺流程

熟悉图纸的重要性如下。

① 建筑物总体位置定位的依据，需要看总平面图来掌握。

② 施工放线的依据，包括建筑平面图、基础平面图、基础详图等。

③ 高程测设的依据，包括立面图、剖面图等。

5.1.2 施工测量前的准备工作

施工测量前的准备工作，包括熟悉设计图纸、现场踏勘、施工场地整理、制定测设方案、准备仪器和工具，如图 5-2 所示。

图 5-2 施工测量前的准备工作

5.1.3　建筑物的定位测量

建筑物的定位，就是将建筑物外廓各轴线交点（也就是角桩）测设在地面上，以此作为基础放样、细部放样等的依据，如图 5-3 所示。

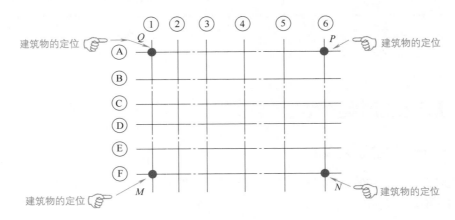

图 5-3　建筑物的定位

根据定位出来的角桩，可以详细测设建筑物各轴线的交点桩（中心桩），如图 5-4 所示。

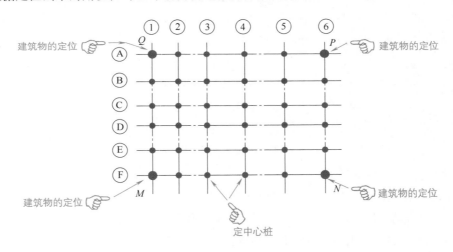

图 5-4　定中心桩

建筑物的定位测量的分类，包括根据与原有建筑物的位置关系定位、根据规划建筑红线进行建筑物定位、根据建筑方格网或建筑基线定位、根据控制点坐标定位，如图 5-5 所示。

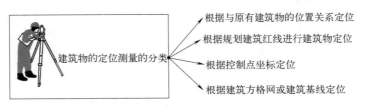

图 5-5　建筑物的定位测量

5.1.4　量距精度要求

量距精度需要达到设计精度要求，并且量出各轴线间距离时，钢尺零点要始终对在同一点上，如图 5-6 所示。

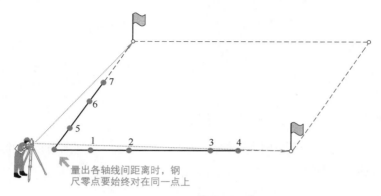

图 5-6　钢尺零点要始终对在同一点上

5.1.5　根据与原有建筑物的位置关系定位与计算

根据与原有建筑物的位置关系定位，则需要了解原有建筑物的位置、特点，以及掌握有关误差要求，如图 5-7 所示。

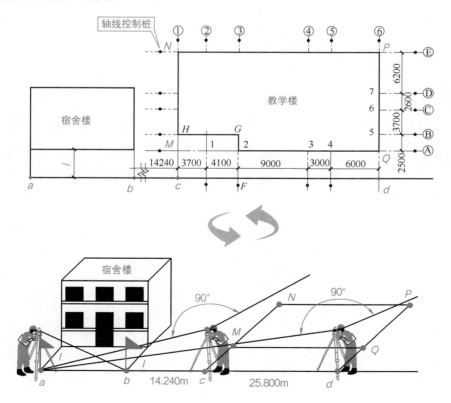

图 5-7　根据与原有建筑物的位置关系定位

测量、检查与计算。

① NP 段的距离是否等于 25.800m，即 3700+4100+9000+3000+6000=25800（mm）。这些分尺寸，见图 5-7 上标注。

② cd 段、MQ 段的距离是否等于 25.800m。

③ bc 段的距离是否等于 14.240m。

④ 允许误差的计算，即 误差=$\dfrac{实测值-设计值}{设计值}$。

⑤ ∠N、∠P 是否等于 90°，误差应在允许范围内。

5.1.6 根据规划建筑红线进行建筑物定位

建筑红线，即规划红线，如图 5-8 所示。建筑红线就是经规划部门审批并且由国土管理部门在现场直接放样出来的建筑用地边界点的连线。

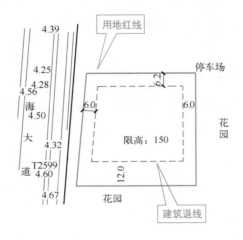

图 5-8　建筑红线（单位：m）

测设时可以根据设计建筑物与建筑红线的位置关系，利用建筑用地边界点来测设，如图 5-9 所示。

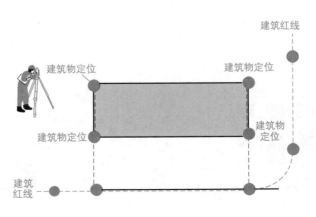

图 5-9　根据规划建筑红线进行建筑物定位

5.1.7 根据建筑方格网或建筑基线定位与计算

建筑方格网属于平面控制网。平面控制网属于施工控制网，如图 5-10 所示。由正方形或矩形组成的施工平面控制网，称为建筑方格网，或称矩形网。

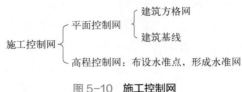

图 5-10 施工控制网

布设有建筑基线或建筑方格网的建筑场地，可以根据建筑基线或建筑方格网点、建筑物各角点的设计坐标，采用直角坐标法或者点位测设法测设建筑物的位置，如图 5-11 所示。

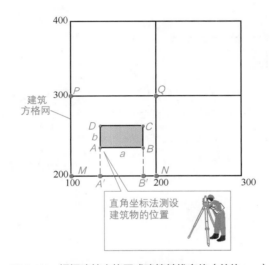

图 5-11 根据建筑方格网或建筑基线定位（单位：m）

案 例

直角坐标法——根据建筑方格网或建筑基线定位，如图 5-12 所示。

测量、检查与计算。

① 建筑物的长度 $=y_c-y_a=580.00\text{m}-530.00\text{m}=50.00\text{m}$。

② 建筑物的宽度 $=x_c-x_a=650.00\text{m}-620.00\text{m}=30.00\text{m}$。

③ 测设 a 点的测设数据（Ⅰ点与 a 点的纵横坐标差）。

$$\Delta x_{1a}=x_a-x_1=620.00\text{m}-600.00\text{m}=20.00\text{m}$$

$$\Delta y_{1a}=y_a-y_1=530.00\text{m}-500.00\text{m}=30.00\text{m}$$

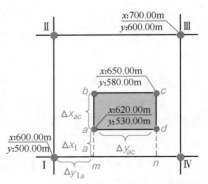

图 5-12 直角坐标法——根据建筑方格网或建筑基线定位

5.1.8 建筑控制轴线的方法

建筑物定位后，所测设的轴线交点桩在基槽开挖时将被破坏。为此，基槽开挖前，需要将轴线引测到基槽边线外的安全地带，以便施工时能及时恢复各轴线的位置。

控制轴线位置的方法有设置轴线控制桩和设置龙门板两种形式。引桩法，也就是轴线控制桩法，其适用于大型民用建筑。龙门板法适用于小型民用建筑。

轴线控制桩，又叫作引桩。设置轴线控制桩如图 5-13 所示。轴线控制桩设置在基槽外，基础轴线的延长线上，作为开槽后各施工阶段恢复轴线的依据。引桩一般钉设在基础开挖范围以外 2 ～ 4m、不受施工干扰、便于引测和保存桩位的地方。也可以将轴线投测到周围建筑物上，做好标志，代替引桩。

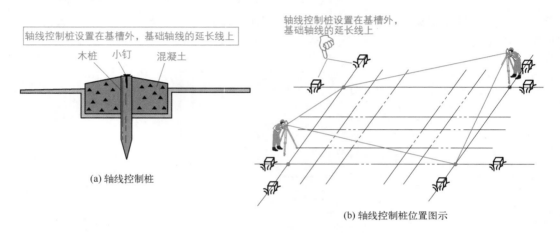

图 5-13   设置轴线控制桩

5.1.9 设置龙门板法

龙门板是指在基础开挖范围外钉设龙门桩。龙门板，也就是桩上钉板。龙门板，要求钉设牢固、龙门板的方向与轴线平行或垂直。龙门板的上表面应平整且其标高为 ±0.000m，以便可以控制 ±0.000m 以下各层标高、基槽宽、基础宽、墙身宽等具体位置。

龙门板占用施工场地、对施工干扰大，一经碰动，必须及时校核纠正。龙门板法适用于一般民用建筑物。机械化施工时，一般只测设轴线控制桩，不设置龙门桩、龙门板。

先在建筑物四角、隔墙两端基槽开挖边线以外 1.5 ～ 2m 处钉设龙门桩，使桩的侧面与基槽平行，并且将其钉直、钉牢，再根据建筑场地的水准点，用水准仪在龙门桩上测设建筑物 ±0.00 标高线（建筑物底层室内地坪标高），然后将龙门板钉在龙门桩上，使龙门板的顶面与 ±0.00 标高线齐平。最后用经纬仪或全站仪将各轴线引测到龙门板上，并且钉小钉表示，即轴线钉。龙门板设置完后，利用钢尺检查各轴线钉的间距，使其符合限差要求。

设置龙门板法如图 5-14 所示。

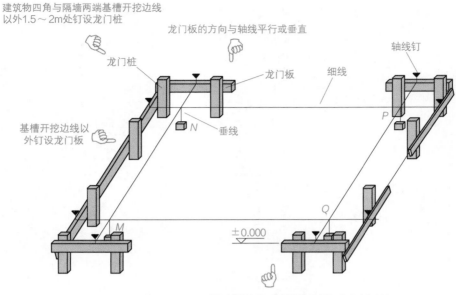

建筑物四角与隔墙两端基槽开挖边线
以外1.5～2m处钉设龙门桩

龙门桩

龙门板的方向与轴线平行或垂直

轴线钉

龙门板

细线

基槽开挖边线以
外钉设龙门板

N 垂线

P

M

Q

±0.000

龙门板的上表面应平整且其标高为±0.000m

图 5-14　设置龙门板法

设置轴线控制桩与设置龙门板法如图 5-15 所示。

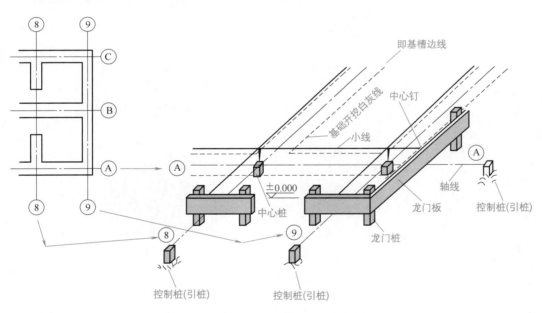

即基槽边线

基础开挖白灰线

中心钉

小线

±0.000

中心桩

轴线

龙门板

龙门桩

控制桩(引桩)

控制桩(引桩)

控制桩(引桩)

图 5-15　设置轴线控制桩与设置龙门板法

5.1.10　建筑物基础施工放线

建筑物基础施工放线，包括基槽开挖边线放线、基坑抄平放线、垫层和基础墙的施工放线等，如图 5-16 所示。

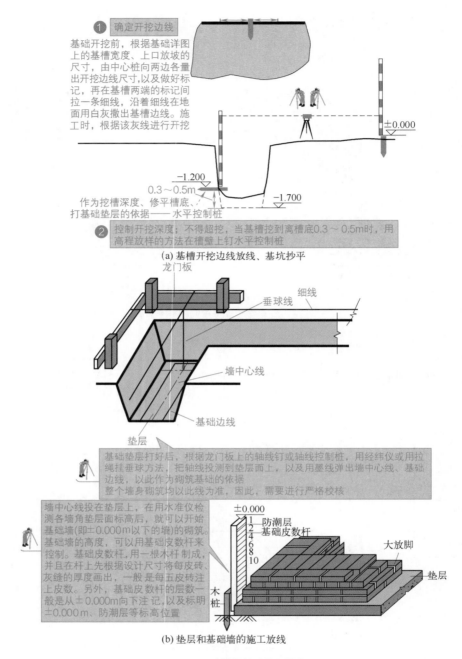

图 5-16   建筑物基础施工放线

5.1.11 墙体施工测量

墙体施工测量，可以使用皮数杆进行标高控制。如果是框架、钢筋混凝土柱间墙，则每层皮数杆可直接画在构件上。

一层楼房墙体施工测量步骤：

① 基础墙砌筑到防潮层后，弹出墙中线、墙边线；

② 检查外墙轴线夹角是否等于 90°；

③ 符合要求后，把墙轴线延伸到基础墙的侧面上画出标志。

一层楼房墙体施工测量如图 5-17 所示。

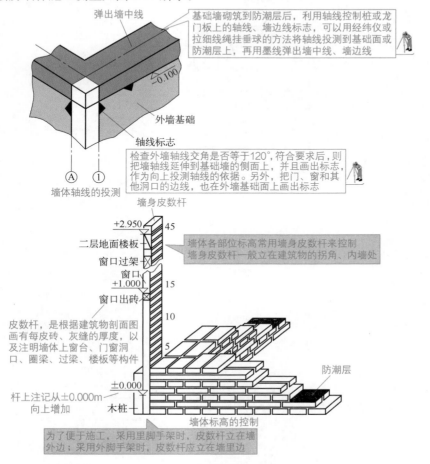

弹出墙中线

基础墙砌筑到防潮层后，利用轴线控制桩或龙门板上的轴线、墙边线标志，可以用经纬仪或拉细线绳挂垂球的方法将轴线投测到基础面或防潮层上，再用墨线弹出墙中线、墙边线

-0.100

外墙基础

轴线标志

检查外墙轴线交角是否等于120°，符合要求后，则把墙轴线延伸到基础墙的侧面上，并且画出标志，作为向上投测轴线的依据。另外，把门、窗和其他洞口的边线，也在外墙基础面上画出标志

Ⓐ ①

墙体轴线的投测

墙身皮数杆

+2.950   45

二层地面楼板

窗口过架

窗口
+1.000   15

窗口出砖

墙体各部位标高常用墙身皮数杆来控制
墙身皮数杆一般立在建筑物的拐角、内墙处

皮数杆，是根据建筑物剖面图画有每皮砖、灰缝的厚度，以及注明墙体上窗台、门窗洞口、圈梁、过梁、楼板等构件

10

5

防潮层

杆上注记从±0.000m
向上增加

±0.000

木桩

墙体标高的控制

为了便于施工，采用里脚手架时，皮数杆立在墙外边；采用外脚手架时，皮数杆应立在墙里边

图 5-17　一层楼房墙体施工测量

墙体砌筑到一定高度（1.5m 左右）时，应在内墙、外墙面上测设出 +0.5m 标高的水平墨线，即 +50 线，如图 5-18 所示。

外墙的+50线 ➔ 作为向上传递各楼层标高的依据

+50线 ☞

内墙的+50线 ➔ 作为室内地面和室内装修的依据

图 5-18　+50 线

一层顶楼板安装好后，二层楼的墙体轴线则可以根据底层的轴线，用垂球先引测到底层的墙面上，再用垂球引测到二层楼面上。

砌筑二层楼的墙时，需要重新在二层楼的墙角外立皮数杆，皮数杆上的楼面标高位置要与楼面标高一致，这时可以把水准仪放在楼板面上进行检查。

当墙砌到二层楼的窗台时，需要用水准仪在二层楼的墙面上测定出一条高于二层楼面15 ～ 30cm 的标高线，以控制二层楼面的标高。

二层以上轴线投测方法有吊垂球法、经纬仪投测法，如图 5-19 所示。

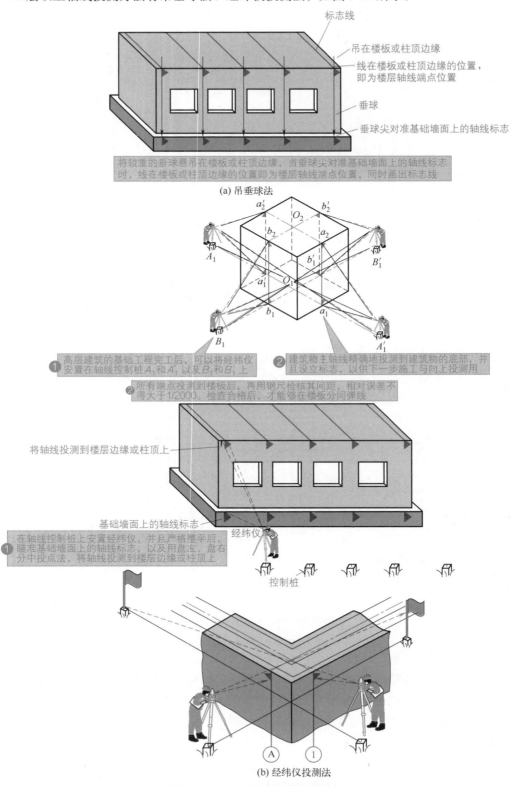

图 5-19　吊垂球法与经纬仪投测法

二层以上的高程传递方法有利用皮数杆传递高程、利用钢尺直接丈量、吊钢尺法等。

可以用水准仪、钢尺将地面上水准点的高程传递到楼层上，在楼层上建立水准点作为测设细部高程的依据。

高层建筑施工测量的主要任务是将建筑物的基础轴线准确地向高层引测，并且保证各层相应的轴线位于同一竖直面内，要控制与检核轴线向上投测的竖向偏差每层不超过 5mm，全楼累计误差不大于 20mm；在高层建筑施工中，要由下层楼面向上层传递高程，以使上层楼板、门窗口、室内装修等工程的标高符合设计要求。

高层建筑，对建筑物各部位的水平位置、垂直度、轴线尺寸、标高的精度要求高。

高层建筑轴线竖向投测有外控法、内控法。

外控法：主要是在建筑物外部，利用经纬仪，根据建筑物轴线控制桩来进行轴线的竖向投测，如图 5-20 所示。

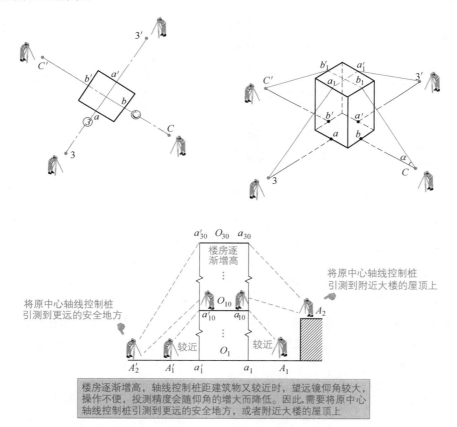

图 5-20　外控法

内控法：主要在建筑物内适当位置设置轴线控制点，并且预埋标志。内控法常用的方式有吊线垂法、天顶准直法、天底准直法等。天底准直法，是自上向下投测。天顶准直法（激光铅垂仪），是自下向上投测。

内控法的要求如下。

① 每条轴线至少需要两个投测点。根据梁、柱的结构尺寸，投测点距 500～800mm 为宜。

② 在每层楼板的投测点位置，需要预留孔洞，洞口大小一般为 200 ～ 300mm，以及做 20mm 高防水斜坡，如图 5-21 所示。

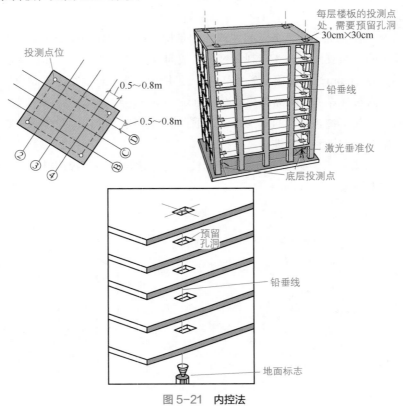

图 5-21　内控法

5.1.12　建筑沉降观测

沉降观测，可以根据图纸要求设置。观测点设置时，需要能够反映建筑物、构筑物变形特征与变形明显的部位。

沉降观测标志的设置，需要稳固、明显、结构合理，以及不影响建筑物的美观与使用。

例如，有的建筑观测点设置采用 20mm × 20mm 的不锈方钢埋置混凝土预制块，而后埋设于现浇墙与柱中，如图 5-22 所示。

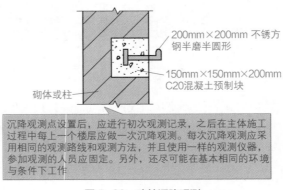

图 5-22　建筑沉降观测

5.1.13　建筑结构放线

有的建筑结构放线采用双线控制，也就是控制线与定位线间距根据 300mm 引测。轴线、墙柱控制线、周边方正线在混凝土浇筑完成后同时引测，如图 5-23 所示。

所有主控线、轴线交叉位置，都可以采用红油漆做好标识。模板上弹出墙控制线、梁控制线，可以采用扫平仪或经纬仪来投测。施工时，严禁直接从梁模进行引测放线。

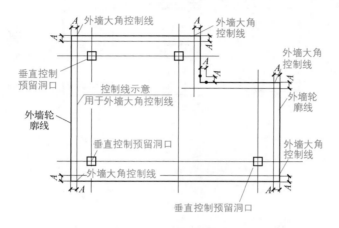

图 5-23　建筑结构放线

5.1.14　建筑结构标高传递

建筑结构标高传递到建筑物外墙上、塔吊上，应同时设置互相校对，并且利用场地内的高程控制基准点对建筑物、塔吊上的标高进行复核，同时形成书面复核记录，严禁利用钢管脚手架传递标高，如图 5-24 所示。

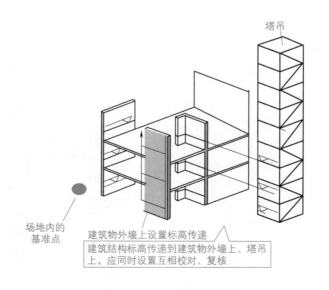

图 5-24　建筑结构标高传递

5.1.15 建筑其他测量放线

建筑其他测量放线如图 5-25 所示。

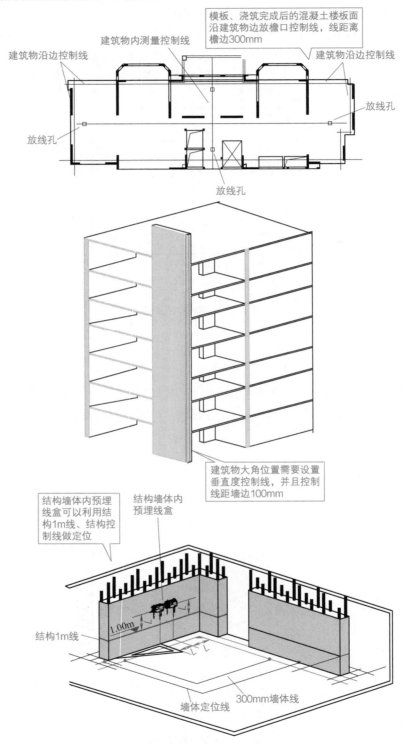

图 5-25 建筑其他测量放线

5.1.16 建筑砌筑测量放线做法

砌筑定位放线需要采用双控线，也就是定位线、控制线都要弹出。门洞口采用对角线表示，并且弹出门洞中线，如图 5-26 所示。

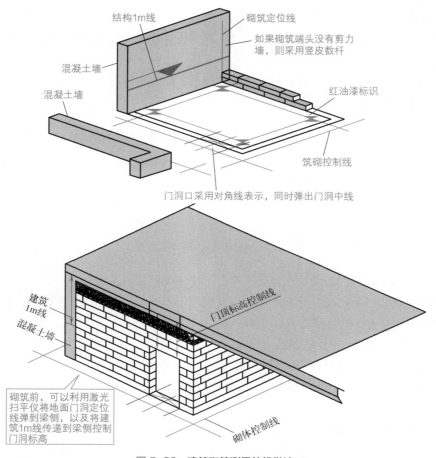

图 5-26　建筑砌筑测量放线做法

 知识贴士

管道井道、烟道需要设置双控线。对于水电预留孔，在结构施工阶段，也往往需要放线定位。

5.2 建筑物变形测量放线与计算

5.2.1 建筑物的变形及原因、内容

变形是指相对于稳定点的空间位置的变化。因此，在进行变形观测时，需要以稳定点为

依据。这些稳定点叫作基准点或控制点。

建筑物的变形，是指建筑物在施工或使用阶段，由于本身荷载、地基、施工质量、外力的作用，使建筑物在空间位置或自身形态方面出现不良变化。例如上升、下沉、倾斜、开裂、位移、挠曲等现象。

变形监测，也叫作变形测量、变形观测，就是对监测对象在工程施工期间、使用期间受荷载作用而产生的形状或位置变化进行动态观测、数据处理、分析表达，并且根据需要进行预警预测的工作。

建筑物变形观测的主要内容有建筑物沉降观测、建筑物倾斜观测、建筑物裂缝观测、建筑物位移观测，如图 5-27 所示。

图 5-27　建筑物变形观测的主要内容

监测点，就是对监测对象在工程施工期间、使用期间受荷载作用而产生的形状或位置变化进行动态观测、数据处理、分析表达，以及根据需要进行预警预测的工作布设在监测对象的敏感位置上，能够反映其变形特征的测量点。

变形允许值是指为了保障监测对象正常使用而确定的变形控制值。

变形预警值是指在变形允许值范围内，根据监测对象变形的敏感程度，由工程设计给定的或以变形允许值的一定比例计算的警示值。

5.2.2　建筑物的沉降观测综述

建筑物沉降观测是指用水准测量的方法，周期性地观测建筑物上的沉降观测点和水准基点间的高差变化值。

建筑物的沉降观测主要工作有：水准基点的布设、沉降观测点的布设、沉降观测、沉降观测的成果整理等，如图 5-28 所示。

图 5-28　建筑物的沉降观测主要工作

变形观测方案制定的主要工作有：测点的布设、变形观测的精度、变形观测的频率，如图 5-29 所示。

测点的布设 ➡ 设计方案内容、埋设标志、设备

变形观测的精度 ➡ 观测中误差小于允许变形值的1/10～1/20，沉降量测值1～2mm

变形观测方案制定的主要工作 ☞

变形观测的频率 ➡ 施工期 —— 三天、七天、半个月、一个月
竣工后 —— 一个月、三个月、三个月、半年、一年

图 5-29　变形观测方案制定的主要工作

变形测量的等级与其精度要求如图 5-30 所示。

等级	沉降观测	平面位移观测	水准路线闭合差/mm
	测站高差中误差/mm	观测点坐标中误差/mm	
特级	≤0.05	≤0.3	$0.1\sqrt{n}$
一级	≤0.15	≤1.0	$0.3\sqrt{n}$
二级	≤0.50	≤3.0	$0.6\sqrt{n}$
三级	≤1.50	≤10.0	$1.5\sqrt{n}$

⬅ 适用范围：特高精度要求的特种精密工程、重要科研项目

⬅ 适用范围：高精度要求的大型建筑物、科研项目变形观测

⬅ 适用范围：中等精度要求的建筑物、科研项目；重要建筑物主体倾斜、场地滑坡观测

⬅ 适用范围：低精度要求的建筑物变形观测；一般建筑物主体倾斜观测、滑坡观测

图 5-30　变形测量的等级与其精度要求

5.2.3　建筑物沉降观测的布设

建筑物沉降观测的布设，包括水准基点的布设和沉降观测点的布设，如图 5-31 所示。观测点设立在变形体上，应是能反映变形的特征点。基准点是沉降观测的基准，应埋设在建筑物变形影响范围之外，距开挖边线 50m 外，按二、三等水准点规格埋设，数量不少于 3 个。

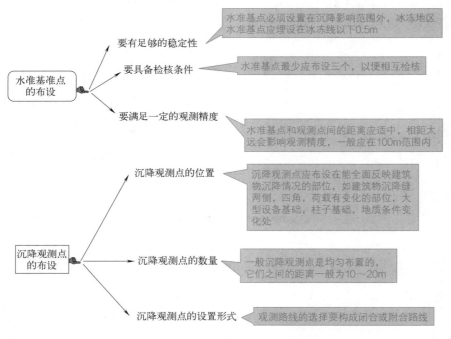

要有足够的稳定性 — 水准基点必须设置在沉降影响范围外，冰冻地区水准基点应埋设在冰冻线以下0.5m

水准基准点的布设

要具备检核条件 — 水准基点最少应布设三个，以便相互检核

要满足一定的观测精度 — 水准基准点和观测点间的距离应适中，相距太远会影响观测精度，一般应在100m范围内

沉降观测点的位置 — 沉降观测点应布设在能全面反映建筑物沉降情况的部位，如建筑物沉降缝两侧，四角，荷载有变化的部位，大型设备基础，柱子基础，地质条件变化处

沉降观测点的布设

沉降观测点的数量 — 一般沉降观测点是均匀布置的，它们之间的距离一般为10～20m

沉降观测点的设置形式 — 观测路线的选择要构成闭合或附合路线

图 5-31　建筑物沉降观测的布设

沉降观测点平面位置图示如图 5-32 所示。

① 深基坑支护结构观测点埋设在锁口架上，一般 20m 埋设一个，在支护的阳角处和距基坑很近的原建筑物应加密观测点。

② 在建筑物四角沿外墙间隔 10 ～ 15m 处布设沉降观测点，在柱上每隔 2 ～ 3 根柱设一个点。

③ 圆形构筑物，在基础轴线对称部位设点，一般不少于四个点。

④ 不同建筑物分界处：人工地基与天然地基接壤处，裂缝、伸缩缝处，不同高度建筑交接处，新旧建筑物交接处应设点。

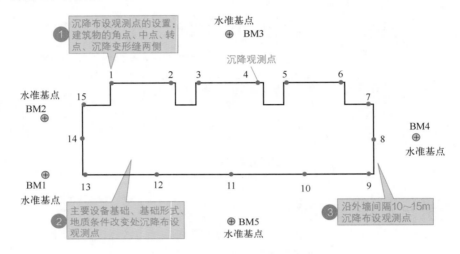

图 5-32　沉降观测点平面位置图示

观测点的埋设形式有埋设于承重墙、基础、承重柱，要求埋设稳固、不易破坏、能长期保存；朝向、高度便于立尺与观测，如图 5-33 所示。

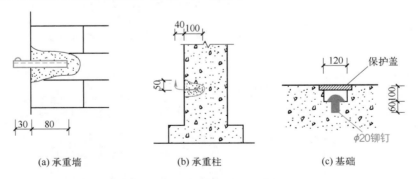

(a) 承重墙　　　　(b) 承重柱　　　　(c) 基础

图 5-33　观测点的埋设形式（单位：mm）

5.2.4　沉降量的计算与绘制沉降曲线

各沉降观测点本次沉降量的计算如下。

本次沉降量 = 本次观测所得的高程 - 上次观测所得的高程

累积沉降量的计算。

累积沉降量 = 本次沉降量 + 上次累积沉降量

将计算出的沉降观测点本次沉降量、累积沉降量、观测日期、荷载情况等记入"沉降观测表"中。

绘制沉降曲线，包括绘制时间与沉降量关系曲线、绘制时间与荷载关系曲线，如图 5-34 所示。

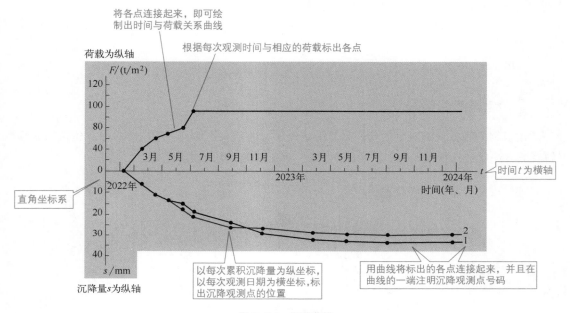

图 5-34　沉降曲线

5.2.5　沉降观测的精度要求与计算

闭合差可按测站平均分配。高差闭合差要求小于 1 ～ 2mm。二等水准高差闭合差限差要求与计算如下。

$$f_{h允} = \pm 0.6\sqrt{n}$$

式中　n——测站数。

三等水准高差闭合差限差

$$f_{h允} = \pm 1.4\sqrt{n}$$

式中　n——测站数。

5.2.6　垂直位移观测

垂直位移观测是指对建筑物、构筑物或其他对象在垂直方向上的位移进行测量、监控的过程。

垂直位移观测，也叫沉陷观测、沉降观测。沉陷观测是指定期测量建（构）筑物（或地表）变形测量观测点（简称工作测点）的高程变化，得到其沉陷量，以及计算其沉陷速度。

水准测量方法：用水准仪测出两个观测点间的相对沉陷，再由相对沉陷与两点间距离之比计算出两点间的平均倾斜角，计算公式如下。

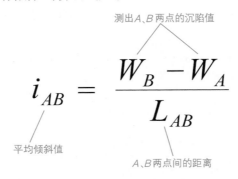

$$i_{AB} = \frac{W_B - W_A}{L_{AB}}$$

测出A、B两点的沉陷值

平均倾斜值

A、B两点间的距离

5.2.7   建筑物的倾斜观测

建筑物的倾斜观测对象主要是高耸的建筑物、地基有不均匀沉降的楼房等。建筑物的倾斜观测方法：经纬仪投（点）法（图5-35）、激光铅直仪法、摄影法等。

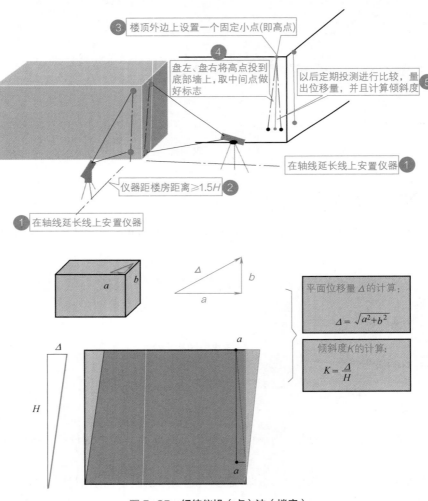

③ 楼顶外边上设置一个固定小点(即高点)

④ 盘左、盘右将高点投到底部墙上，取中间点做好标志

以后定期投测进行比较，量出位移量，并且计算倾斜度 ⑤

在轴线延长线上安置仪器 ①

仪器距楼房距离≥1.5H ②

① 在轴线延长线上安置仪器

平面位移量Δ的计算：

$$\Delta = \sqrt{a^2 + b^2}$$

倾斜度K的计算：

$$K = \frac{\Delta}{H}$$

图5-35 经纬仪投（点）法（楼房）

H—建筑物高度；Δ—倾斜位移量

5.2.8　塔式建筑物的倾斜观测

烟囱、水塔、电视塔等高耸构筑物的倾斜观测是测定其顶部中心对底部中心的偏心距即倾斜量，如图 5-36 所示。

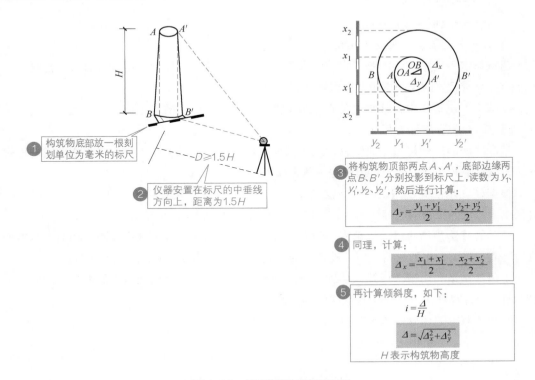

图 5-36　**塔式建筑物的倾斜观测**

5.2.9　水平位移观测

土建施工水平位移监测的对象一般针对基坑的围护结构，其目的是为施工区安全稳定性判断提供独立、公正、及时、准确的监测数据信息。

水平位移监测一般采用的方法有：基准线法、极坐标法、前方交会法、后方交会法、精密导线测量法、正倒垂线法、GPS 法、摄影测量法等。

位移点点位误差与观测距离和测角中误差均成正比例关系。极坐标法水平位移点位中误差计算公式如下。

$$m_p^2 = m_x^2 + m_y^2 = m_D^2 + D^2 \frac{m_\beta^2}{\rho^2}$$

$$m_p^2 = (a + bD)^2 + D^2 \frac{m_\beta^2}{\rho^2}$$

式中　m_p——位移点点位中误差；

m_x——横坐标中误差；

m_y——纵坐标中误差；

D——站点到监测点的距离；

m_D——距离观测中误差；

m_β——测角中误差；

a——测距仪固定误差；

b——测距仪比例误差；

ρ——常数，一般取 206265″。

建筑物水平位移监测的测点宜按两个层次布设，也就是由控制点组成首级网（控制网），由观测点及所联测的控制点组成次级网（拓展网）。

一些工程建筑物中，常常最关心建筑物沿某一特定方向上的水平位移。为此，专门解决这一问题的一类方法称为基准线法。

基准线法的原理是通过建筑物轴线（例如大坝、桥梁轴线）或平行于建筑物轴线的固定不动的铅直平面为基准面，再根据它来测定建筑物的水平位移。

根据建立基准面使用工具、方法的不同，常用的基准线法有：激光准直法、视准线法、引张线法、直伸三角网法等。其中，视准线法包括活动觇牌法、小角法。

活动觇牌法是指通过一种精密的附有读数设备的活动觇牌直接测定观测点相对于基准面的偏离值。需要专用的仪器，照准设备有活动觇牌、精密视准仪或精密经纬仪等。

小角法是指利用精密经纬仪精确地测出基准线方向与测站点到观测点的视线方向间所夹的小角，再计算观测点相对于基准线的偏离值。

小角法有关的计算如图 5-37 所示。

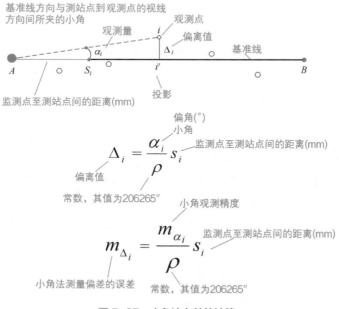

图 5-37　小角法有关的计算

5.2.10　变形监测的要求与规定

变形监测的一般规定如下。

① 建设工程施工与使用期间进行变形监测时，需要根据项目合同要求，通过项目技术设计对监测内容、监测频率、监测精度、变形预警值、变形速率阈值等做出规定。当监测对象对周边道路、管线、地面、其他对象产生影响时，要将受影响的对象纳入监测中。

② 对多期变形监测项目，每期监测后要提交本期、累计监测数据。全部监测完成后，除要提交各期监测数据、累计监测数据外，尚需要提交项目技术报告。

③ 变形监测点布设应符合的一些规定如下。

a. 监测点位置需要根据工程结构、形状、场地地质条件等确定。工程结构重要节点、荷载突变部位、变形敏感部位应布设监测点；当工程结构、形状、地质条件复杂时，应加密布点。

b. 监测点应设置标志，并且需要便于观测、保护。

c. 当监测点被破坏或不能被观测时，需要重新布点。

④ 变形监测作业需要符合的一些规定如下。

a. 需要选用稳定可靠的基准点作为变形监测的起算点。

b. 需要设置工作基点时，工作基点应设在相对稳定并且便于作业的地方。每期要先联测工作基点与基准点，然后利用工作基点对监测点进行观测。

c. 高层、超高层建筑或其他特殊工程结构，水平位移监测、垂直度、挠度监测、倾斜监测需要避开风速大、日照强的时间段。

d. 日照变形监测，需要选在昼夜温差大的时间段进行。

e. 风振变形监测，需要选在受强风作用的时间段进行。

f. 变形监测作业时，需要对监测对象、周边环境进行人工巡视检查。

⑤ 利用多期监测成果进行变形趋势预测时，需要建立经检验有效的数学模型，并且给出预测结果的误差范围、适用条件。

⑥ 监测过程中发生下列情况之一时，需要立即进行变形监测预警，以及同时要提高监测频率或增加监测内容。

a. 工程开挖面或周边出现塌陷、滑坡。

b. 工程本身或其周边环境出现异常。

c. 变形量或变形速率出现异常变化。

d. 变形量或变形速率达到或超出变形预警值。

e. 由于暴雨、地震、冻融等自然灾害引起的其他变形异常情况。

5.2.11　施工期间变形监测要求

施工期间变形监测要求见表 5-1。

表 5-1　施工期间变形监测要求

项目	要求
需要进行变形监测的情况	在下列对象的施工期间，需要进行变形监测 （1）大跨度或体形狭长的工程结构 （2）重要基础设施工程 （3）安全设计等级为一级、二级的基坑 （4）地基基础设计等级为甲级，或者地基上的地基基础设计等级为乙级的建筑 （5）工程设计或施工要求监测的其他对象

续表

项目	要求
施工期间变形监测内容的要求	施工期间变形监测内容需要符合的一些规定如下 （1）对高层、超高层建筑、体形狭长工程结构、重要基础设施工程，需要进行水平位移监测、垂直度监测、倾斜监测 （2）对超高层建筑、大跨度、体形狭长工程结构，需要进行挠度监测、日照变形监测、风振变形监测 （3）对基坑工程，需要进行基坑及其支护结构变形监测、周边环境变形监测 （4）对施工期间需要进行变形监测的各对象实施沉降监测 （5）对隧道、涵洞等拱形设施，需要进行收敛变形监测
基坑工程监测要求	基坑工程监测需要符合的一些规定如下 （1）应至少进行围护墙顶部水平位移、沉降，以及周边建筑、道路等沉降的监测，并且根据项目技术设计要求对围护墙或土体深层水平位移、土压力、支护结构内力、孔隙水压力等进行监测 （2）监测点要沿基坑围护墙顶部周边布设，周边中部、阳角位置需要布点 （3）基坑监测达到变形预警值，或基坑出现流沙、管涌、陷落、隆起，或者基坑支护结构、周边环境出现大的变形时，需要立即进行预警
施工期间的沉降监测要求	施工期间的沉降监测需要符合的一些规定如下 （1）监测频率需要根据工程结构特点、加载情况来确定，至少在荷载增加到25%、50%、75%、100%时各观测1次。对于大型、特殊监测对象，需要提高监测频率 （2）施工过程中如果暂时停工，则在停工时、重新开工时，需要各观测1次。停工期间、工程主体完工到竣工验收期间，需要根据工程设计、施工要求来确定监测频率
施工期间的垂直度、倾斜监测要求	施工期间的垂直度、倾斜监测需要符合的一些规定如下 （1）监测频率，需要根据倾斜速率每1~3个月观测1次 （2）监测对象因场地大量堆载或卸载、降雨长期积水等导致倾斜速度加快时，则需要提高监测频率

5.2.12 使用期间变形监测要求

使用期间变形监测要求见表5-2。

表5-2 使用期间变形监测要求

项目	要求
施工期间应进行变形监测的各监测对象竣工后未达到稳定状态前的情况要求	对施工期间应进行变形监测的各监测对象竣工后未达到稳定状态前，需要继续对其进行变形监测
使用中的建筑、设施等要求	使用中的建筑、设施或其场地出现裂缝、沉降、倾斜等变形，或者安全管理需要时，需要实施变形监测
使用期间的变形监测需要符合的要求	使用期间的变形监测需要符合的一些规定要求如下 （1）监测内容、监测频率，需要根据监测对象的实际变形特征、场地地质条件、结构特点等确定 （2）对自施工期间延续的沉降监测、倾斜监测、垂直度监测、水平位移监测，工程竣工使用后第一年需要观测3次或4次，第二年需要至少观测2次，第三年后每年需要至少观测1次，直到变形达到稳定状态为止 （3）发生重大自然灾害或监测对象的变形趋势加大时，需要提高监测频率，并且需要立即预警 （4）使用期间监测对象变形达到稳定状态的判定，需要以所有监测点的最大变形速率均不超过项目技术设计给定的相应变形速率阈值为依据

第 6 章
公路道路、管道工程测量放线与计算

6.1 公路道路工程测量基础

6.1.1 道路工程测量的概述

道路工程测量贯穿了道路从设计到施工的全过程。道路工程测量是为道路的工程设计、地面定位、施工、监理等多方面服务的。

道路工程测量的主要工作：勘测选线、中线测量、曲线测量、纵横断面测量、带状地形图测绘、施工放线、土方量计算等。

道路勘测设计阶段主要测量如图 6-1 所示。勘测阶段测量的主要任务：为道路设计收集相关资料。

道路施工阶段的测量主要包括恢复中线、中桩加密、测设施工控制桩、竖曲线测设、测设边桩、土石方量计算等。

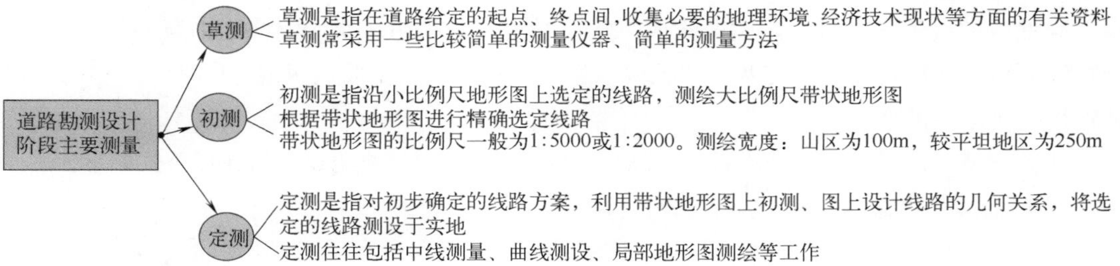

道路勘测设计阶段主要测量

草测 —— 草测是指在道路给定的起点、终点间，收集必要的地理环境、经济技术现状等方面的有关资料
草测常采用一些比较简单的测量仪器、简单的测量方法

初测 —— 初测是指沿小比例尺地形图上选定的线路，测绘大比例尺带状地形图
根据带状地形图进行精确选定线路
带状地形图的比例尺一般为1:5000或1:2000。测绘宽度：山区为100m，较平坦地区为250m

定测 —— 定测是指对初步确定的线路方案，利用带状地形图上初测、图上设计线路的几何关系，将选定的线路测设于实地
定测往往包括中线测量、曲线测设、局部地形图测绘等工作

图 6-1　道路勘测设计阶段主要测量

6.1.2 竖曲线的作用与线性

竖曲线是指在线路纵断面上，以变坡点为交点，连接两相邻坡段的曲线。

变坡点是指相邻两条坡度线的交点。变坡角是指相邻两条坡度线的坡角差，通常用坡度值之差代替，用 ω 表示，如图 6-2 所示。

竖曲线的作用如下。

① 缓冲作用：以平缓曲线取代折线可以消除汽车在变坡点的冲击。

② 保证公路纵向的行车视距：凸形——纵坡变化大时，盲区较大；凹形——下穿式立体交叉的下线。

③ 将竖曲线与平曲线恰当地组合，有利于路面排水与改善行车的视线诱导以及舒适感。

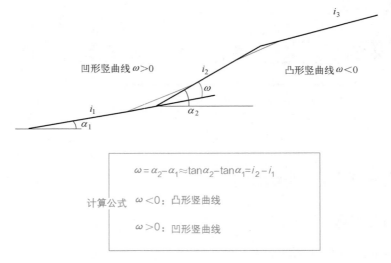

图 6-2 竖曲线

凸形竖曲线主要控制因素——行车视距。凸形竖曲线最小半径应以满足行车视距要求计算确定。

凹形竖曲线的主要控制因素——缓和冲击力。凹形竖曲线最小半径应以离心加速度为控制计算确定。凹形竖曲线的最小半径和长度，除了满足缓和离心力要求外，还需要考虑两种视距的要求：一是保证夜间行车安全，前灯照明需要有足够的距离；二是保证跨线桥下行车需要有足够的视距。

竖曲线的线形——可采用圆曲线或二次抛物线。常采用二次抛物线作为竖曲线的线形。抛物线的纵轴保持直立，且与两相邻纵坡线相切。竖曲线在变坡点两侧一般是不对称的，但两切线需要保持相等。

相关标准规定竖曲线的最小长度应满足 3s 行程要求 。竖曲线要素的计算公式如下。

① 竖曲线包含抛物线底（顶）部如图 6-3 所示。

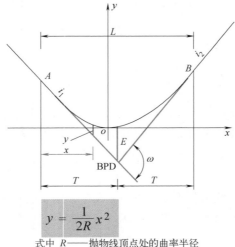

$$y = \frac{1}{2R}x^2$$

式中　R——抛物线顶点处的曲率半径

图 6-3 竖曲线包含抛物线底（顶）部

② 竖曲线不含抛物线底（顶）部如图 6-4 所示。

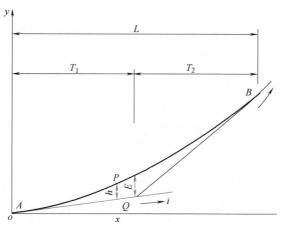

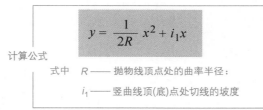

计算公式

式中　R —— 抛物线顶点处的曲率半径；

i_1 —— 竖曲线顶(底)点处切线的坡度

图 6-4　竖曲线不含抛物线底（顶）部

6.1.3　逐桩设计高程计算

竖曲线要素：变坡角、切线长、外距、纵距、竖曲线起点桩号、竖曲线终点桩号等。竖曲线要素的计算公式如图 6-5 所示。

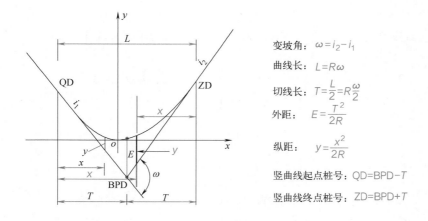

图 6-5　竖曲线要素的计算公式

逐桩设计高程计算如图 6-6 所示。

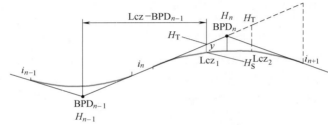

$$切线高程：H_T = H_{n-1} + i_n(Lcz - BPD_{n-1})$$
$$H_T = H_n + i_n(Lcz - BPD_n)$$

设计高程：$H_S = H_T \pm y$

（凸竖曲线取"$-$"，凹竖曲线取"$+$"）

式中 y —— 竖曲线上任一点竖距，$y = \dfrac{x^2}{2R}$，直坡段上，$y=0$；

x —— 竖曲线上任一点离开起(终)点距离

计算公式   以变坡点为分界计算：

上半支曲线 $x = Lcz - QD$
下半支曲线 $x = ZD - Lcz$

以竖曲线终点为分界计算：

全部曲线 $x = Lcz - QD$

图6-6   逐桩设计高程计算

已知连续三个以上变坡点桩号、高程、竖曲线半径，或已知一个变坡点桩号、高程、竖曲线半径、相邻两条坡段的纵坡度，可以计算该测段内任意点的设计高程。

 案　例

某区一段二级公路，变坡点桩号为 K6+100.00，高程为 138.15m，i_1=4%，i_2=-5%，竖曲线半径 R=3000m。

试计算竖曲线要素以及桩号为 K6+060.00 和 K6+180.00 处的设计高程。

［解］（1）计算竖曲线要素

变坡角 $\omega = i_2 - i_1 = -0.05 - 0.04 = -0.09 < 0$，故为凸形

曲线长 $L = R\omega = 3000 \times 0.09 = 270$ (m)

$$切线长 T = \frac{L}{2} = \frac{270}{2} = 135$$

$$外距 E = \frac{T^2}{2R} = \frac{135^2}{2 \times 3000} = 3.04$$

竖曲线起点桩号 QD = BPD - T = (K6+100.00) - 135 = K5+965.00

竖曲线终点桩号 ZD = BPD + T = (K6+100.00) + 135 = K6+235.00

（2）计算设计高程

① 判断计算点位置：

K6+060.00 ＜ BPD=K6+100.00，上半支曲线

K6+180.00 ＞ BPD=K6+100.00，下半支曲线

K6+060.00：位于上半支（＜K6+100）

② 横距：

上半支曲线 x=Lcz-QD=6060.00-5965.00=95 (m)

③ 竖距：

$$y=\frac{x^2}{2R}=\frac{x_1^2}{2R}=\frac{95^2}{2\times3000}=1.50$$

④ 切线高程：

$$H_T=H_n+i_n(Lcz-BPD_n)$$

$$H_T=H_2+i_1(Lcz-BPD)=138.15+0.04\times(6060.00-6100.00)=136.55\ (m)$$

⑤ 设计高程：

$$H_S=H_T\pm y\ (凸竖曲线取"-"，凹竖曲线取"+")$$

$$H_S=H_T-y_1=136.55-1.50=135.05\ (m)$$

（凸竖曲线应减去改正值）

K6+180.00：位于下半支（>K6+100）

⑥ 按变坡点分界计算。

横距：x_2=ZD-Lcz=6235.00-6180.00=55 (m)

竖距：$y_2=\dfrac{x_2^2}{2R}=\dfrac{55^2}{2\times3000}=0.50\ (m)$

⑦ 切线高程：$H_T=H_2+i_2(Lcz-BPD_2)$

=138.15-0.05×(6180.00-6100.00)=134.15 (m)

⑧ 设计高程：$H_S=H_T-y_2$

=134.15-0.50=133.65 (m)

⑨ 按竖曲线终点分界计算。

横距：x_2=Lcz-QD=6180.00-5965.00=215.00 (m)

竖距：$y_2=\dfrac{x_2^2}{2R}=\dfrac{215^2}{2\times3000}=7.70\ (m)$

⑩ 切线高程：$H_T=H_2+i_1(Lcz-BPD_2)$

=138.15+0.04×(6180.00-6100.00)=141.35 (m)

⑪ 设计高程：$H_S=H_T-y_2$

=141.35-7.70=133.65 (m)

6.1.4 中线测量

道路中线是指道路的中心线，主要用于标志道路的平面位置，具体是通过直线和曲线测设，将图纸上设计的道路中心线标定到实地的工作。中线测量中，往往涉及平曲线。平曲线，顾名思义就是曲线，它不同于一般的曲线，分为圆曲线、缓和曲线，如图 6-7 所示。

中线各交点用 JD 表示，转点用 ZD 表示。测量路线各偏角用 α 表示。

缓和曲线，就是在直线和圆曲线间加设的，曲率半径由无穷大逐渐变化到曲线半径的曲线

直线   JD   直线   缓和曲线
                                    圆曲线   D
A   直线
                            缓和曲线
圆曲线，是具有一定曲率半径的曲线   C(JD)

图 6-7   平曲线

中线测量包括中线各交点测设、转点测设、转向角测量、里程桩设置、曲线测设等。

（1）交点测设

中线测量中的交点，就是相邻两直线的交点，其也是中线测量的控制点，并且中线测设时，需要先选定线路的交点。

交点测设，常采用的方法全站仪测设法、角度交汇法、拨角放线法等，具体见表 6-1。

表 6-1   交点的测设方法

方法	测设步骤
全站仪测设法	（1）将全站仪安置于导线点上 （2）根据在带状地形图上图解出的交点坐标、导线点的坐标，直接测设出交点的位置
角度交会法	（1）根据在带状地形图上图解出的各交点坐标、导线点的坐标，分别求出两导线点与交点的连线和导线边的两个夹角 （2）然后用经纬仪分别测设水平角，交会出交点的位置
拨角放线法	（1）在带状地形图上图解出各交点坐标，并且反算出相邻交点的水平距离、坐标方位角、直线的转向角 （2）然后将经纬仪安置在道路中线起点或已测设的交点上，以及拨直线转角，沿着视线方向测设直线的水平距离，并且依次定出各交点的位置 （3）由于图解坐标的误差、连续拨角的误差积累存在，为此，每测设几个交点后需要与导线连接一次，进行检核

穿线法是指在带状图上量测测图导线点与图上标定的道路中线间的距离、角度关系，并且以此作为测设数据，将道路中线测设于实地。

穿线法的主要步骤为图解数据、测设、穿线、定交点等，穿线法图解如图 6-8 所示。

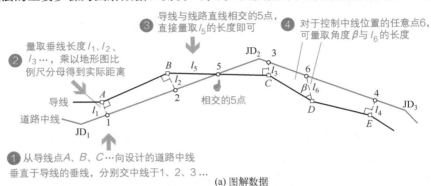

(a) 图解数据

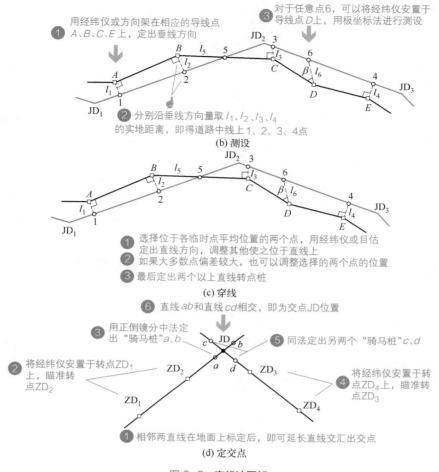

图 6-8　穿线法图解

（2）转点的设置

道路转角测定包括左转角测量、右转角测量、测量夹角 β、计算转向角 α，如图 6-9 所示。

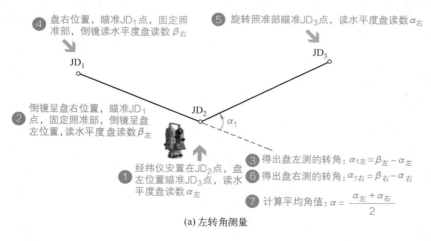

（a）左转角测量

图 6-9

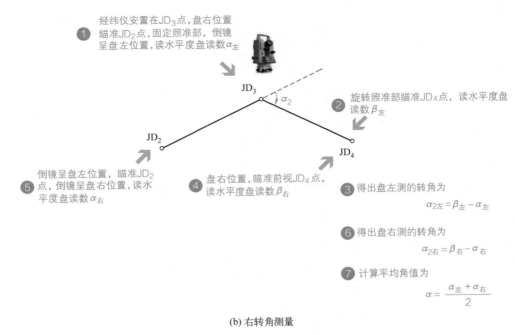

(b) 右转角测量

1️⃣ 确定测右角还是左角，一经确定，应全线一致

2️⃣ 再用测回法测量夹角 β，然后换算为转向角 α

左转时：$\alpha = 180° - \beta$

右转时：$\alpha = \beta - 180°$

(c) 测量夹角 β、计算转向角 α

图 6-9　转点的设置

我国公路采用汉语拼音的缩写名称，见表 6-2。

表 6-2　我国公路采用汉语拼音的缩写名称

名称	简称	拼音缩写	英文缩写
交点	—	JD	IP
转点	—	ZD	TP
圆曲线起点	直圆点	ZY	BC
圆曲线中点	曲中点	QZ	MC
圆曲线终点	圆直点	YZ	EC
公切点	—	GQ	CP
第一缓和曲线终点	直缓点	ZH	TS
第二缓和曲线终点	缓圆点	HZ	SC
第三缓和曲线终点	圆缓点	YH	CS
第四缓和曲线终点	缓直点	HY	ST

6.1.5　圆曲线主点测设

圆曲线主点包括直圆点、曲中点、圆直点等。圆曲线元素包括切线长、曲线长、外矢距等。圆曲线主点与元素如图 6-10 所示。圆曲线元素的计算如图 6-11 所示。

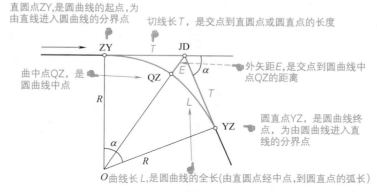

图 6-10　**圆曲线主点与元素**

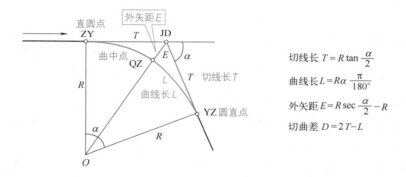

图 6-11　**圆曲线元素的计算**

圆曲线主点应标志里程，其主点里程计算有两种情况，如图 6-12 所示。

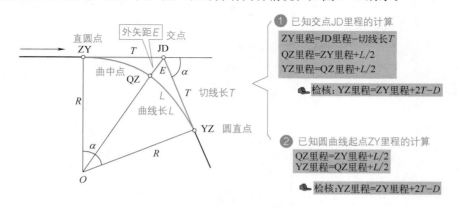

图 6-12　**圆曲线主点的计算情况**

圆曲线主点测设，主要包括测设曲线起点 ZY、测设曲线终点 YZ、测设曲线中点 QZ，如图 6-13 所示。圆曲线上这三个主点，需要用方桩做标志，以及钉小钉表示点位。

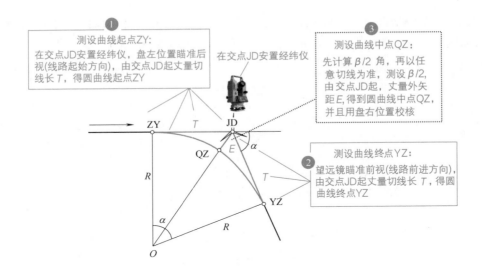

图 6-13　**圆曲线主点测设**

6.1.6　圆曲线详细测设

　　圆曲线详细测设的桩间距与施工方法、曲线半径有关。公路施工一般规定：圆曲线半径 $R \geqslant 100\mathrm{m}$ 时，桩间距 $l=20\mathrm{m}$；圆曲线半径 R 为 $25\mathrm{m} < R < 100\mathrm{m}$ 时，桩间距 $l=10\mathrm{m}$；圆曲线半径 $R \leqslant 25\mathrm{m}$ 时，桩间距 $l=5\mathrm{m}$。

　　圆曲线详细测设偏角法，就是以偏角，也就是弦切角 δ 与对应弦长 C 为元素，逐一测设圆曲线上各点位，其相关计算公式与测设方法如图 6-14 所示。

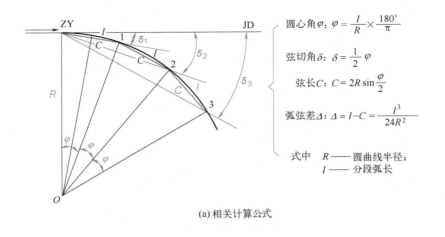

圆心角 φ：$\varphi = \dfrac{l}{R} \times \dfrac{180°}{\pi}$

弦切角 δ：$\delta = \dfrac{1}{2}\varphi$

弦长 C：$C = 2R\sin\dfrac{\varphi}{2}$

弧弦差 Δ：$\Delta = l - C = \dfrac{l^3}{24R^2}$

式中　R——圆曲线半径；
　　　　l——分段弧长

(a) 相关计算公式

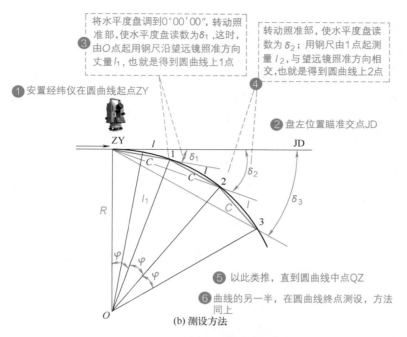

图 6-14　偏角法相关计算公式与测设方法

直角坐标法（切线支距法）与测设方法如图 6-15 所示。

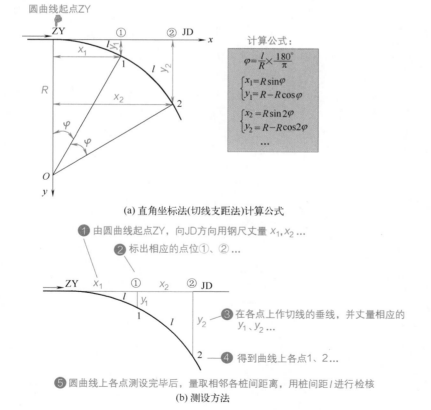

(a) 直角坐标法(切线支距法)计算公式

(b) 测设方法

图 6-15　直角坐标法（切线支距法）与测设方法

6.1.7　复曲线的测设

复曲线由两个或两个以上不同半径、转向相同的圆曲线径相连接，或者插入缓和曲线相连接而成的平曲线的同向圆曲线直接连接而成，可以用于道路急转弯处，如图 6-16 所示。

复曲线的测设，一般先测设主圆，然后测设副圆。

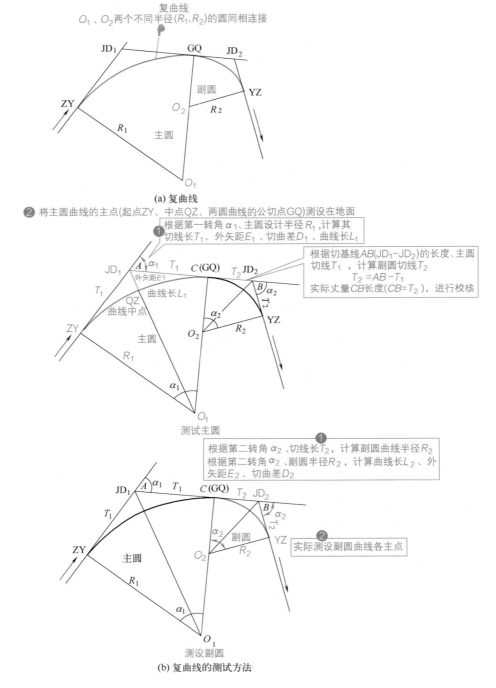

(a) 复曲线

❷ 将主圆曲线的主点(起点ZY、中点QZ、两圆曲线的公切点GQ)测设在地面

❶ 根据第一转角 α_1、主圆设计半径 R_1，计算其切线长 T_1、外矢距 E_1、切曲差 D_1、曲线长 L_1

根据切基线 $AB(JD_1-JD_2)$ 的长度、主圆切线 T_1，计算副圆切线 T_2
$T_2 = AB - T_1$
实际丈量 CB 长度($CB=T_2$)，进行校核

测试主圆

❶ 根据第二转角 α_2、切线长 T_2，计算副圆曲线半径 R_2
根据第二转角 α_2、副圆半径 R_2，计算曲线长 L_2、外矢距 E_2、切曲差 D_2

❷ 实际测设副圆曲线各主点

测设副圆

(b) 复曲线的测试方法

图 6-16　复曲线的测设

6.2 缓和曲线

6.2.1 缓和曲线的基本公式

在直线与圆曲线间加设一段平面曲线，使其曲率半径从 ∞ 渐变到圆曲线的半径 R，相应地使线路一侧"超高"从 0 渐变到 h，这样的曲线就是缓和曲线。

道路缓和曲线的设置，是为了使路线的平面线形更加符合汽车的行驶轨迹、离心力逐渐变化，确保行车的安全与舒适，如图 6-17 所示。缓和曲线的基本公式如图 6-18 所示。

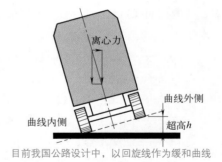

目前我国公路设计中，以回旋线作为缓和曲线

图 6-17　缓和曲线的应用

① 缓和曲线上任一点的曲率半径 ρ 与曲线的长度 l 成反比，计算公式如下

$$\rho \propto \frac{1}{L} \quad 或 \quad \rho L = C \quad 或 \quad \rho = \frac{C}{L}$$

式中　C——曲线半径变更率，与车速有关的常数，即常数；
　　　ρ——缓和曲线上任一点的曲率半径，m；
　　　l——曲线的长度，m。

② L 恰好等于所采用的缓和曲线总长 L_s 时，缓和曲线的半径就等于圆曲线的半径 R，计算公式如下

$$C = RL_s$$

③ 缓和曲线全长计算公式

$$L_s = 0.035\frac{v^3}{R}$$

式中　v——计算行车速度，以"km/h"为单位(目前我国采用 $C=0.035v^3$)；
　　　L_s——缓和曲线全长

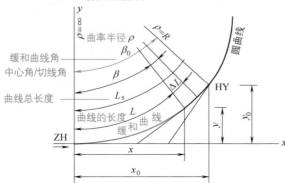

④ 缓和曲线参数方程如下

$$\begin{cases} x = L - \dfrac{L^5}{40R^2L_s^2} \\ y = \dfrac{L^3}{6RL_s} \end{cases}$$

⑤ 当 $L=L_s$ 时，缓和曲线终点坐标计算如下

$$\begin{cases} x_0 = L_s - \dfrac{L_s^3}{40R^2} \\ y_0 = \dfrac{L_s^2}{6R} \end{cases}$$

⑥ 切线角计算公式如下

$$\beta = \frac{L^2}{2A^2} = \frac{L^2}{2RL_s}$$

$$\beta_0 = \frac{L_s}{2R}(\text{rad})$$

$$\beta_0 = \frac{L_s}{2R} \times \frac{180°}{\pi}(°)$$

图 6-18　缓和曲线的基本公式

6.2.2 缓和曲线的常数计算

缓和曲线常数，包括缓和曲线的切线角 β_0、缓和曲线偏角 δ_0、切垂距 m、圆曲线内移量 p、坐标 x_0、坐标 y_0 等。

δ_0——缓圆点 HY（或圆缓点 YH）的缓和曲线偏角。

ZH——曲线主点，表示直缓点。

HY——曲线主点，表示缓圆点。

QZ——曲线主点，表示曲中点。

YH——曲线主点，表示圆缓点。

HZ——曲线主点，表示缓直点。

β_0——缓和曲线的切线角，也就是缓和曲线全长 L_s 所对的中心角。

m——直缓点 ZH（或缓直点 HZ）到垂足的距离，即切垂距。

p——垂线长 OC（或 OD）与圆曲线半径 R 之差，即圆曲线内移量。

x_0、y_0——HY 点（或 YH）点的坐标。

缓和曲线相关计算公式如图 6-19 所示。

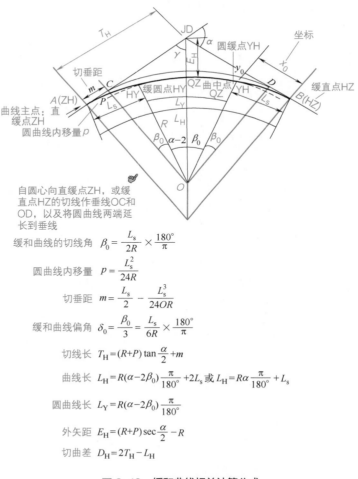

自圆心向直缓点 ZH，或缓直点 HZ 的切线作垂线 OC 和 OD，以及将圆曲线两端延长到垂线

缓和曲线的切线角　$\beta_0 = \dfrac{L_s}{2R} \times \dfrac{180°}{\pi}$

圆曲线内移量　$p = \dfrac{L_s^2}{24R}$

切垂距　$m = \dfrac{L_s}{2} - \dfrac{L_s^3}{24OR}$

缓和曲线偏角　$\delta_0 = \dfrac{\beta_0}{3} = \dfrac{L_s}{6R} \times \dfrac{180°}{\pi}$

切线长　$T_H = (R+P)\tan\dfrac{\alpha}{2} + m$

曲线长　$L_H = R(\alpha - 2\beta_0)\dfrac{\pi}{180°} + 2L_s$ 或 $L_H = R\alpha\dfrac{\pi}{180°} + L_s$

圆曲线长　$L_Y = R(\alpha - 2\beta_0)\dfrac{\pi}{180°}$

外矢距　$E_H = (R+P)\sec\dfrac{\alpha}{2} - R$

切曲差　$D_H = 2T_H - L_H$

图 6-19　缓和曲线相关计算公式

6.2.3 缓和曲线的主点测设

缓和曲线的主点测设计算公式，包括直缓点里程计算公式、缓圆点里程计算公式、曲中点里程计算公式、缓圆点里程计算公式、缓直点里程计算公式、交点里程计算公式，如图 6-20 所示。

缓和曲线的主点测设过程，包括在 JD 点安置经纬仪（对中、整平）定出直缓点、定出缓直点、定出曲中点、定出缓圆点等，如图 6-21 所示。

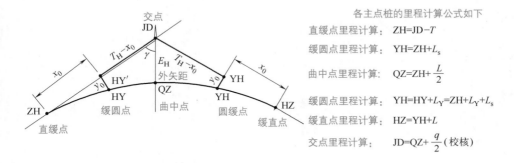

各主点桩的里程计算公式如下

直缓点里程计算：$ZH=JD-T$

缓圆点里程计算：$YH=ZH+L_s$

曲中点里程计算：$QZ=ZH+\dfrac{L}{2}$

缓圆点里程计算：$YH=HY+L_Y=ZH+L_Y+L_s$

缓直点里程计算：$HZ=YH+L$

交点里程计算：$JD=QZ+\dfrac{q}{2}$（校核）

图 6-20　缓和曲线的主点测设计算公式

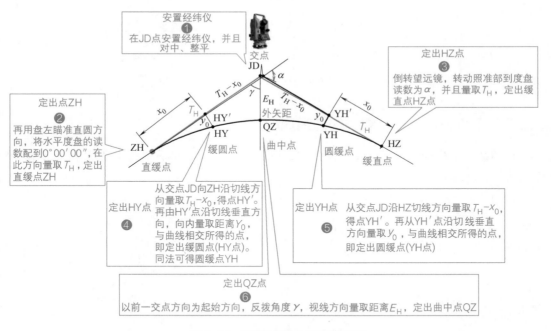

图 6-21　缓和曲线的主点测设过程

6.3 缓和曲线的详细测设

6.3.1 切线支距法——缓和曲线的详细测设

切线支距法——缓和曲线的详细测设各点的坐标，分为缓和曲线上各点的坐标、圆曲线各点的坐标。其中，缓和曲线上各点的坐标，可以根据缓和曲线参数方程来计算，如图 6-22 所示。

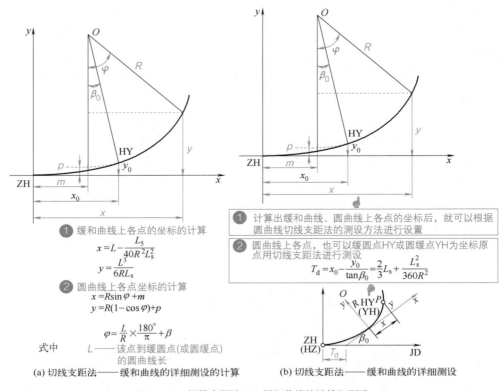

(a) 切线支距法——缓和曲线的详细测设的计算

① 缓和曲线上各点的坐标的计算

$$x = L - \frac{L^5}{40R^2 L_s^2}$$

$$y = \frac{L^3}{6RL_s}$$

② 圆曲线上各点坐标的计算

$$x = R\sin\varphi + m$$

$$y = R(1 - \cos\varphi) + p$$

$$\varphi = \frac{L}{R} \times \frac{180°}{\pi} + \beta$$

式中 L —— 该点到缓圆点(或圆缓点)
的圆曲线长

① 计算出缓和曲线、圆曲线上各点的坐标后，就可以根据
圆曲线切线支距法的测设方法进行设置

② 圆曲线上各点，也可以缓圆点HY或圆缓点YH为坐标原
点用切线支距法进行测设

$$T_d = x_0 - \frac{y_0}{\tan\beta_0} = \frac{2}{3}L_s + \frac{L_s^2}{360R^2}$$

(b) 切线支距法——缓和曲线的详细测设

图 6-22   切线支距法——缓和曲线的计算和测设

6.3.2   偏角法——缓和曲线的详细测设

偏角法是指将经纬仪安置在直缓点 ZH 或缓直点 ZH 上，然后根据水平角、水平距离测
设曲线上各点。

偏角法的计算和测设如图 6-23 所示。

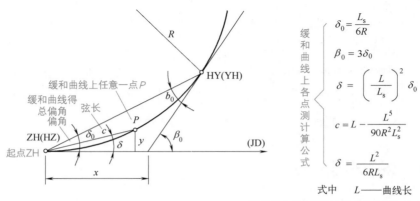

缓和曲线上各点测设计算公式

$$\delta_0 = \frac{L_s}{6R}$$

$$\beta_0 = 3\delta_0$$

$$\delta = \left(\frac{L}{L_s}\right)^2 \delta_0$$

$$c = L - \frac{L^5}{90R^2 L_s^2}$$

$$\delta = \frac{L^2}{6RL_s}$$

式中 L —— 曲线长

圆曲线上各点测设计算公式：$b_0 = \beta_0 - \delta_0 = 3\delta_0 - \delta_0 = 2\delta_0$

(a) 偏角法 —— 缓和曲线的详细测设的计算

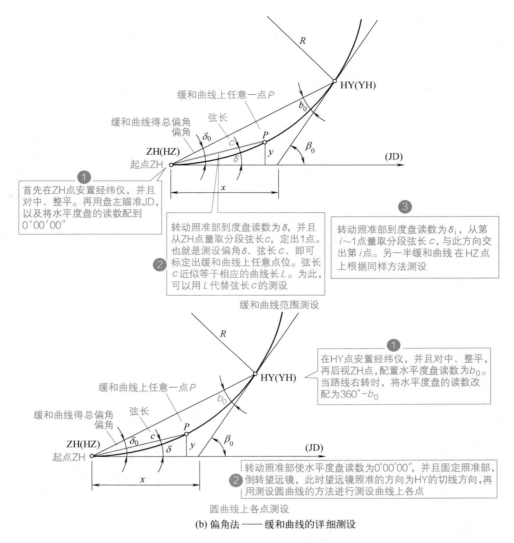

(b) 偏角法——缓和曲线的详细测设

图 6-23　**偏角法——缓和曲线的计算和测设**

6.3.3　极坐标法——缓和曲线的详细测设

极坐标法测设时，需要先建立一个直角坐标系。极坐标测设的基本原理是以控制导线为根据，以角度、距离交会定点，如图 6-24 所示。极坐标法——缓和曲线的计算和测设如图 6-25 所示。

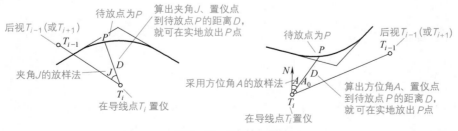

图 6-24　**极坐标法原理**

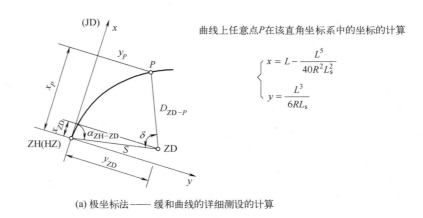

曲线上任意点P在该直角坐标系中的坐标的计算

$$\begin{cases} x = L - \dfrac{L^5}{40R^2 L_s^2} \\ y = \dfrac{L^3}{6RL_s} \end{cases}$$

(a) 极坐标法——缓和曲线的详细测设的计算

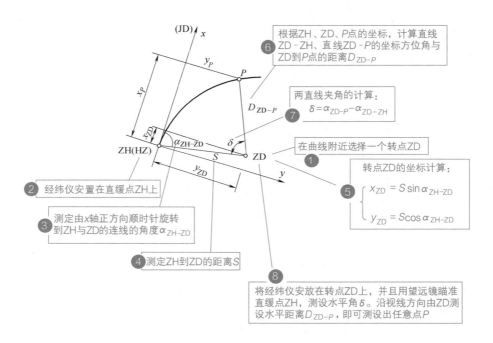

⑥ 根据ZH、ZD、P点的坐标，计算直线ZD-ZH、直线ZD-P的坐标方位角与ZD到P点的距离D_{ZD-P}

⑦ 两直线夹角的计算：$\delta = \alpha_{ZD-P} - \alpha_{ZD-ZH}$

① 在曲线附近选择一个转点ZD

⑤ 转点ZD的坐标计算：$\begin{cases} x_{ZD} = S\sin\alpha_{ZH-ZD} \\ y_{ZD} = S\cos\alpha_{ZH-ZD} \end{cases}$

② 经纬仪安置在直缓点ZH上

③ 测定由x轴正方向顺时针旋转到ZH与ZD的连线的角度α_{ZH-ZD}

④ 测定ZH到ZD的距离S

⑧ 将经纬仪安放在转点ZD上，并且用望远镜瞄准直缓点ZH，测设水平角δ。沿视线方向由ZD测设水平距离D_{ZD-P}，即可测设出任意点P

(b) 极坐标法——缓和曲线的详细测设

图 6-25   极坐标法——缓和曲线的计算和测设

6.4   公路施工测量

6.4.1   路基边桩的测设

路基边桩的测设有图解法、解析法等。测设路基的边坡与原地面相交的点，包括设计路堤为坡脚点的测设，对于设计路堑为坡顶点的测设，如图 6-26 所示。

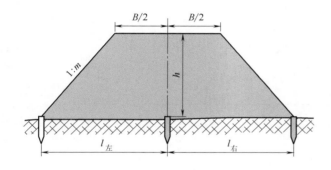

路堤边桩至中桩的距离计算如下

$$l_左 = l_右 = B/2 + mh$$

式中　B —— 路基设计宽度；

　　1:m —— 路基边坡，

　　h —— 填土高度或挖土深度

根据上式得出的距离，从中桩沿横断面方向量距，测设路基边桩

(a) 路堤到中桩距离的计算

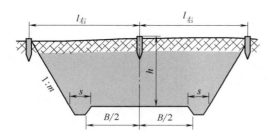

路堑边桩至中桩的距离计算如下

$$l_左 = l_右 = B/2 + s + mh$$

式中　B —— 路基设计宽度；

　　1:m —— 路基边坡；

　　h —— 填土高度或挖土深度；

　　s —— 路堑边沟顶宽

根据上式计算得出的距离，从中桩沿横断面方向量距，测设路基边桩

(b) 路堑到中桩距离的计算

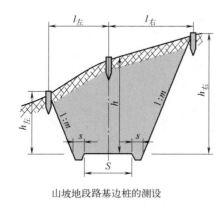

山坡地段路基边桩的测设

左、右边桩离中桩的距离计算如下

$$l_左 = \frac{B}{2} + s + mh_左$$

$$l_右 = \frac{B}{2} + s + mh_右$$

式中　B, s, m —— 由设计确定；

　　$l_左$, $l_右$ —— 随$h_左$、$h_右$而变；

　　$h_左$, $h_右$ —— 边桩处地面与设计路基面的高差

(c) 山坡地段路基边桩的测设

图 6-26　路基边桩的测设

6.4.2　公路施工控制桩的测设

在不易受施工破坏、便于引测、易于保存桩位的地方测设施工控制桩。测设施工控制桩的方法有平行线法、延长线法等，如图 6-27 所示。

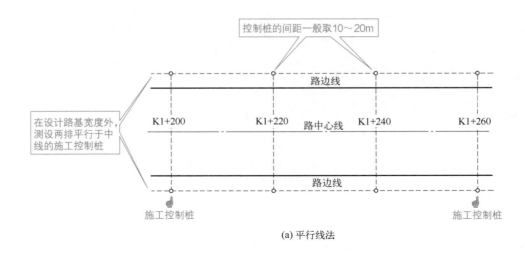

(a) 平行线法

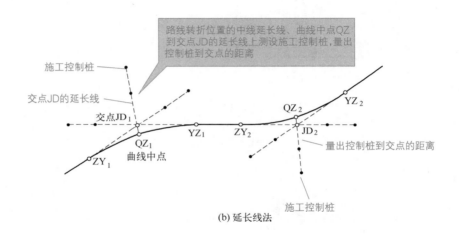

(b) 延长线法

图6-27   公路施工控制桩的测设

6.5   管道工程的测量

6.5.1   中线测量

地下管道施工测量包括管道中线测量、纵横断面测量、管道施工测量、竣工测量等。中线测量包括中线各交点（JD）、转点（ZD）、管线主点（起点、终点、转向点）、中桩（量距、钉桩、确定里程）、线路各转角（α）的测量、测设等。

中线是一条空间曲线（叫路线），其在水平面上的投影就是平面线形，一般是由直线、圆曲线、缓和曲线（管线无）等要素组成，如图6-28所示。

测设中线时，应同时定出井位等附属构筑物的位置。

主点测设数据可以通过图解法、解析法等取得，如图6-29所示。

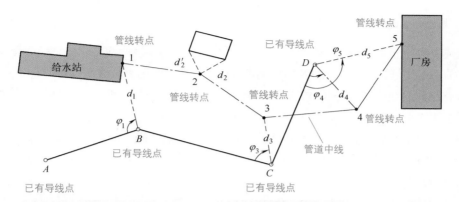

主点可根据与地物关系测设，也可以根据与导线点关系用直角坐标法、角度交会法、极坐标法、距离交会法等测设

图 6-28   中线

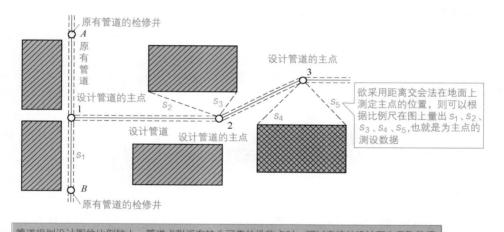

管道规划设计图的比例较大，管道点附近有较为可靠的地物点时，可以直接从设计图上量取数据

(a) 图解法

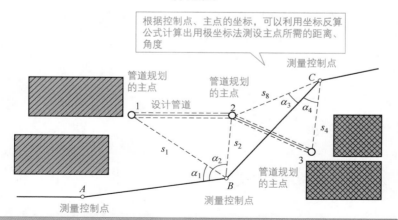

管道规划设计图上已经给出管道主点坐标，并且主点附近有测量控制点，则可以使用解析法求出测设所需数据

(b) 解析法

图 6-29   主点测设数据的取得

6.5.2 测设施工控制桩

测设施工控制桩可以分为中线控制桩、井位控制桩等种类。中线控制桩一般测设在管道主点位置的中心线延长线上。井位控制桩测设一般于管道中线的垂直线上，如图 6-30 所示。

从线路起点沿线路经过的长度，叫作里程。把里程表示为整公里数 + 不足整公里米数的形式以区别线路上不同的点，叫作里程桩号，例如：K5+200。

里程桩分整桩、加桩。整桩是指由线路起点开始，每隔 20m、30m、50m 等设置一个桩。加桩分地形加桩、地物加桩、曲线加桩、关系加桩等。其中，关系加桩是指线路上的转点（ZD）桩、交点（JD）桩。

6.5.3 槽口放线与槽口宽度的计算

槽口边线宽度一般根据土质情况、管径大小、埋设深度等来确定。横断面坡度较平缓时，槽口宽度常用的计算如图 6-31 所示。

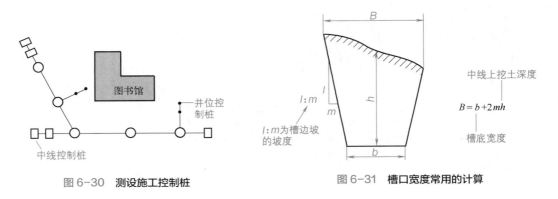

图 6-30 测设施工控制桩

图 6-31 槽口宽度常用的计算

6.5.4 管道转向角测量

管道改变方向时，转变后的方向与原方向间的夹角称为转向角（或称偏角），一般以 α 表示，如图 6-32 所示。管道弯头有定形角度，不得有阻水现象。

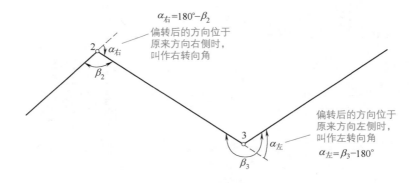

图 6-32 管道转向角测量

6.5.5　管道纵断面测量

管道纵断面测量包括水准点的布设、纵断面水准测量、纵断面图的绘制等工作。水准点的布设，需要设在便于引点、便于长期保存以及在施工范围以外的稳定建（构）筑物上。水准点的高程，可以用附合（或闭合）水准路线自高一级水准点，根据四等水准测量的精度、要求进行引测，如图 6-33 所示。

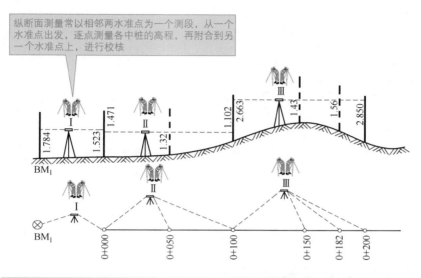

图 6-33　管道纵断面测量

6.5.6　顶管施工测量

当地下管道需要穿越公路、铁路或其他建筑物时，可以采用顶管施工法。

顶管施工是指在先挖好的工作坑内安放道轨（铁轨或方木），再将管道沿所要求的方向顶进土中，然后将管内的土方挖出来，如图 6-34 所示。

顶管施工测量的目的是保证顶管根据设计中线、高程正确顶进或贯通。

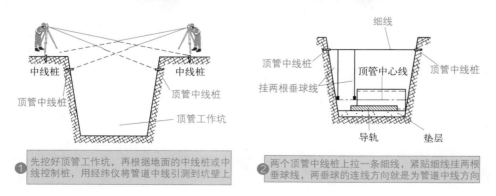

图 6-34

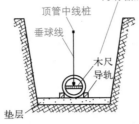

将木尺水平放置在管内，如果两垂球的方向线与木尺上的零分划线重合，则说明管道中心在设计管线方向上。否则，说明管道有偏差。如果偏差值超过1.5cm，则需要校正

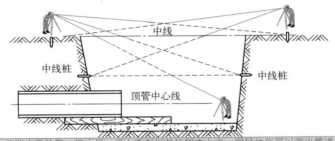

管内前端水平放置一把木尺，尺上有刻划并标明中心点，用经纬仪可以测出管道中心偏离中线方向的数值，依此在顶进中进行校正。如果使用激光准直经纬仪，则沿中线方向发射一束激光

图 6-34   顶管施工测量——中线测设

 知识贴士

高程测设：先在工作坑内布设好临时水准点，然后在工作坑内安置水准仪，以在临时水准点上竖立的水准尺为后视，以在顶管内待测点上竖立的标尺为前视，测量出管底高程，将实测高程值与设计高程值比较，其差超过 ±1cm 时，则需要校正。

附录 1
测量放线公式速查

附录 1.1　平面控制测量放线公式速查

平面控制测量放线公式速查见附表 1-1。

附表 1-1　平面控制测量放线公式速查

名称	公式速查
各等级卫星定位测量控制网的基线精度的计算	各等级卫星定位测量控制网的基线精度的计算如下： $$\sigma = \sqrt{A^2 + (Bd)^2}$$ 式中　σ——基线长度中误差，mm； 　　　A——固定误差，mm； 　　　B——比例误差系数，mm/km； 　　　d——基线平均长度，km
卫星定位测量控制网观测精度（控制网的测量中误差）的计算、卫星定位测量控制网的测量中误差的计算	卫星定位测量控制网观测精度（控制网的测量中误差）的计算如下 $$m = \sqrt{\frac{1}{3N} \times \frac{WW}{n}}$$ 式中　m——控制网的测量中误差，mm； 　　　N——控制网中异步环的数量，个； 　　　n——异步环的边数； 　　　W——异步环环线全长闭合差，mm 卫星定位测量控制网的测量中误差应满足相应等级控制网的基线精度要求，其符合规定的计算如下 $$m \leqslant \sigma$$ 式中　σ——基线长度中误差，mm； 　　　m——控制网的测量中误差，mm
卫星定位控制测量外业观测同步环各坐标分闭合差及环线全长闭合差的计算	卫星定位控制测量外业观测同步环各坐标分闭合差及环线全长闭合差，应分别满足下列公式的要求 $$W_X \leqslant \frac{\sqrt{n}}{5}\sigma$$ $$W_Y \leqslant \frac{\sqrt{n}}{5}\sigma$$ $$W_Z \leqslant \frac{\sqrt{n}}{5}\sigma$$ $$W \leqslant \frac{\sqrt{3n}}{5}\sigma$$

名称	公式速查
卫星定位控制测量外业观测同步环各坐标分量闭合差及环线全长闭合差的计算	$$W = \sqrt{W_X^2 + W_Y^2 + W_Z^2}$$ 式中　n——同步环中基线边的数量，条； W_X, W_Y, W_Z——同步环各坐标分量闭合差，mm； W——同步环环线全长闭合差，mm； σ——基线长度中误差，mm
卫星定位控制测量外业观测异步环或附合线路各坐标分量闭合差及全长闭合差的计算	卫星定位控制测量外业观测异步环或附合线路各坐标分量闭合差及全长闭合差，应分别满足下列公式的要求 $$W_X \leqslant 2\sqrt{n}\sigma$$ $$W_Y \leqslant 2\sqrt{n}\sigma$$ $$W_Z \leqslant 2\sqrt{n}\sigma$$ $$W \leqslant 2\sqrt{3n}\sigma$$ $$W = \sqrt{W_X^2 + W_Y^2 + W_Z^2}$$ 式中　n——异步环或附合线路中基线边的数量，条； W——异步环或附合线路全长闭合差，mm； W_X, W_Y, W_Z——异步环各坐标分量闭合差，mm； σ——基线长度中误差，mm
卫星定位控制测量外业观测重复基线的长度较差的计算	卫星定位控制测量外业观测重复基线的长度较差，应满足下式的要求 $$\Delta d \leqslant 2\sqrt{2}\sigma$$ 式中　Δd——重复基线的长度较差； σ——基线长度中误差，mm
卫星定位动态控制测量采用RTK法复测检核时检核点的精度的统计	卫星定位动态控制测量采用RTK法复测检核时，可用同一基准站两次独立测量或不同基准站各一次独立测量的方法进行，并应按下式统计检核点的精度。检核点的点位中误差不应超过50mm $$M_\Delta = \sqrt{\frac{\Delta S_i \Delta S_i}{2n}}$$ 式中　M_Δ——检核点的点位中误差，mm； ΔS_i——检核点与原点位的平面位置偏差，mm； n——检核点数量，个

附录1.2　导线测量放线公式速查

导线测量放线公式速查见附表1-2。

附表1-2　导线测量放线公式速查

名称	公式速查
全站仪标称的测距精度的计算	距离测量，控制网边长宜采用全站仪测距，全站仪标称的测距精度宜按下式表示 $$m_D = \alpha + bD$$ 式中　m_D——测距中误差，mm； α——全站仪标称的测距固定误差，mm； b——全站仪标称的测距比例误差系数，mm/km； D——测距长度，km

续表

名称	公式速查
导线测量水平距离的计算	导线测量水平距离可按下式计算 $$D_P = \sqrt{S^2 - h^2}$$ 式中 D_P——测线的水平距离，m； S——经气象及加、乘常数等改正后的斜距，m； h——仪器的发射中心与反光镜的反射中心之间的高差，m
导线测量利用三、四等导线左右角闭合差时，测角中误差的计算	导线测角中误差的计算可根据左右角闭合差和导线方位角闭合差两种方式进行，当利用三、四等导线左右角闭合差时，测角中误差应根据下式计算 $$m_\beta = \pm\sqrt{\frac{\varDelta\varDelta}{2n}}$$ 式中 m_β——测角中误差，($''$)； $\varDelta$——导线测站观测左右角的圆周角闭合差，($''$)； n——测站圆周角闭合差的数量，个
导线测量利用导线方位角闭合差时，测角中误差的计算	导线测角中误差的计算可按左右角闭合差和导线方位角闭合差两种方式进行，当利用导线方位角闭合差时，测角中误差应按下式计算 $$m_\beta = \sqrt{\frac{1}{N} \times \frac{f_\beta f_\beta}{n}}$$ 式中 m_β——测角中误差，($''$)； f_β——导线环的角度闭合差或附合导线的方位角闭合差，($''$)； n——计算 f_β 时的相应测站数； N——闭合环及附合导线的总数
导线测量测距边的精度评定的计算	导线测量测距的精度评定可以根据下式计算（单位权中误差，应根据下式计算） $$\mu = \sqrt{\frac{Pdd}{2n}}$$ 式中 P——各边距离的先验权，值为 $\dfrac{1}{\sigma_D^2}$，测距的先验中误差 σ_D 可按测距仪器的标称精度计算； d——各边往、返测的距离较差，mm； n——测距边数； μ——单位权中误差
导线测量测距边的精度评定的计算	导线测量测距边的精度评定应按下式计算（任一边的实际测距中误差，应按下式计算） $$m_{D_i} = \mu\sqrt{\frac{1}{P_i}}$$ 式中 m_{D_i}——第 i 边的实际测距中误差，mm； P_i——第 i 边距离测量的先验权； μ——单位权中误差
导线测量测距边的精度评定网的平均测距中误差的计算	导线测量测距边的精度评定网的平均测距中误差应按下式计算 $$m_{D_i} = \sqrt{\frac{dd}{2n}}$$ 式中 m_{D_i}——平均测距中误差，mm； d——各边往、返测的距离较差，mm； n——测距边数

续表

名称	公式速查
测距边长度的归化投影的计算（归算到测区平均高程面上的测距边长度）	测距边长度的归化投影计算应符合下列规定（归算到测区平均高程面上的测距边长度，应按下式计算） $$D_H = D_P \left(1 + \frac{H_P - H_m}{R_A}\right)$$ 式中　D_H——归算到测区平均高程面上的测距边长度，m； 　　　D_P——测线的水平距离，m； 　　　H_P——测区的平均高程，m； 　　　H_m——测距边两端点的平均高程，m； 　　　R_A——参考椭球体在测距边方向法截弧的曲率半径，m
测距边长度的归化投影的计算（归算到参考椭球面上的测距边长度）	测距边长度的归化投影计算应符合下列规定（归算到参考椭球面上的测距边长度，应按下式计算） $$D_0 = D_P \left(1 - \frac{H_m + h_m}{R_A + H_m + h_m}\right)$$ 式中　D_0——归算到参考椭球面上的测距边长度，m； 　　　D_P——测线的水平距离，m； 　　　H_m——测距边两端点的平均高程，m； 　　　h_m——测区大地水准面高出参考椭球面的高差，m； 　　　R_A——参考椭球体在测距边方向法截弧的曲率半径，m
测距边长度的归化投影的计算（测距边在高斯投影面上的长度）	测距边长度的归化投影计算应符合下列规定（测距边在高斯投影面上的长度，应按下式计算）： $$D_g = D_0 \left(1 + \frac{y_m^2}{2R_m^2} + \frac{\Delta y^2}{24R_m^2}\right)$$ 式中　D_g——测距边在高斯投影面上的长度，m； 　　　D_0——归算到参考椭球面上的测距边长度，m； 　　　y_m——测距边两端点近似横坐标的平均值，m； 　　　R_m——测距边中点处在参考椭球面上的平均曲率半径，m； 　　　Δy——测距边两端点近似横坐标的增量，m

附录 1.3　三角形网测量放线公式速查

三角形网测量放线公式速查见附表 1-3。

附表 1-3　三角形网测量放线公式速查

名称	公式速查
三角形网的测角中误差的计算	三角形网的测角中误差应按下式计算 $$m_\beta = \sqrt{\frac{WW}{3n}}$$ 式中　m_β——测角中误差，(″)； 　　　W——三角形闭合差，(″)； 　　　n——三角形的数量，个

续表

名称	公式速查
方向改化的计算	当测区需要进行高斯投影时，四等及以上等级的方向观测值应进行方向改化，方向改化应按以下公式计算 $$\delta_{1,2} = \frac{\rho}{6R_{\mathrm{m}}^2}(x_1 - x_2)(2y_1 + y_2)$$ $$\delta_{2,1} = \frac{\rho}{6R_{\mathrm{m}}^2}(x_2 - x_1)(y_1 + 2y_2)$$ 式中　　$\delta_{1,2}$——测站点 1 向照准点 2 观测方向的方向改化值，($''$)； 　　　　$\delta_{2,1}$——测站点 2 向照准点 1 观测方向的方向改化值，($''$)； x_1，y_1，x_2，y_2——1、2 两点的坐标值，m； 　　　　R_{m}——测距边中点处在参考椭球面上的平均曲率半径，m； 　　　　y_{m}——1、2 两点的近似横坐标平均值，m
四等网简化公式的计算	当测区需要进行高斯投影时，四等及以上等级的方向观测值应进行方向改化，四等网也可采用简化公式，按以下公式计算 $$\delta_{1,2} = -\delta_{2,1} = \frac{\rho}{2R_{\mathrm{m}}^2}(x_1 - x_2)y_{\mathrm{m}}$$ 式中　　$\delta_{1,2}$——测站点 1 向照准点 2 观测方向的方向改化值，($''$)； 　　　　$\delta_{2,1}$——测站点 2 向照准点 1 观测方向的方向改化值，($''$)； x_1，y_1，x_2，y_2——1、2 两点的坐标值，m； 　　　　R_{m}——测距边中点处在参考椭球面上的平均曲率半径，m； 　　　　y_{m}——1、2 两点的近似横坐标平均值，m
角 - 极条件自由项的限值计算	三角形网外业观测结束后，应计算网的各项条件闭合差。各项条件闭合差不应大于相应的限值：角 - 极条件自由项的限值应按下式计算 $$W_j = 2\frac{m_\beta}{\rho}\sqrt{\sum \cot^2 \beta}$$ 式中　W_j——角 - 极条件自由项的限值； 　　　m_β——相应等级的测角中误差，($''$)； 　　　β——求距角
边（基线）条件自由项的限值计算	三角形网外业观测结束后，应计算网的各项条件闭合差。各项条件闭合差不应大于相应的限值：边（基线）条件自由项的限值应按下式计算 $$W_{\mathrm{b}} = 2\sqrt{\frac{m_\beta^2}{\rho^2}\sum \cot^2 \beta + \left(\frac{m_{\mathrm{S1}}}{S_1}\right)^2 + \left(\frac{m_{\mathrm{S2}}}{S_2}\right)^2}$$ 式中　　W_{b}——边（基线）条件自由项的限值； $\frac{m_{\mathrm{S1}}}{S_1}$，$\frac{m_{\mathrm{S2}}}{S_2}$——起始边边长相对中误差； 　　　m_β——相应等级的测角中误差，($''$)； 　　　β——求距角
方位角条件的自由项的限值计算	三角形网外业观测结束后，应计算网的各项条件闭合差。各项条件闭合差不应大于相应的限值：方位角条件的自由项的限值应按下式计算 $$W_{\mathrm{f}} = 2\sqrt{m_{\mathrm{a1}}^2 + m_{\mathrm{a2}}^2 + nm_\beta^2}$$ 式中　W_{f}——方位角条件的自由项的限值，($''$)； m_{a1}，m_{a2}——起始方位角中误差，($''$)； 　　　n——推算路线所经过的测站数量，个； 　　　m_β——相应等级的测角中误差，($''$)

续表

名称	公式速查
固定角自由项的限值计算	三角形网外业观测结束后,应计算网的各项条件闭合差。各项条件闭合差不应大于相应的限值:固定角自由项的限值应按下式计算 $$W_{\mathrm{g}} = 2\sqrt{m_{\mathrm{g}}^2 + m_{\beta}^2}$$ 式中　W_{g}——固定角自由项的限值,($''$); 　　　m_{g}——固定角的角度中误差,($''$); 　　　m_{β}——相应等级的测角中误差,($''$)
边-角条件的限值计算所得的角度限差	三角形网外业观测结束后,应计算网的各项条件闭合差。各项条件闭合差不应大于相应的限值:边-角条件的限值应由三角形中观测的一个角度与由观测边长根据各边均测距相对中误差计算所得的角度限差,按下式计算 $$W_{\mathrm{r}} = 2\sqrt{2\left(\frac{m_{\mathrm{D}}}{D}\rho\right)^2 (\cot^2\alpha + \cot^2\beta + \cot\alpha\cot\beta) + m_{\beta}^2}$$ 式中　W_{r}——观测角与计算角的角值限差,($''$); 　　　$\dfrac{m_{\mathrm{D}}}{D}$——各边平均测距相对中误差; 　　　α、β——三角形中观测角之外的另两个角; 　　　m_{β}——相应等级的测角中误差,($''$)
边-极条件自由项的限值计算	三角形网外业观测结束后,应计算网的各项条件闭合差。各项条件闭合差不应大于相应的限值:边-极条件自由项的限值应按下列公式计算 $$W_{\mathrm{Z}} = 2\rho\frac{m_{\mathrm{D}}}{D}\sqrt{\sum \alpha_{\mathrm{W}}^2 + \alpha_{\mathrm{f}}^2}$$ $$\alpha_{\mathrm{W}} = \cot\alpha_i + \cot\beta_i$$ $$\alpha_{\mathrm{f}} = \cot\alpha_i \pm \cot\beta_{i-1}$$ 式中　W_{Z}——边-极条件自由项的限值,($''$); 　　　α_{W}——与极点相对的外围边两端的两底的余切函数之和; 　　　α_{f}——中点多边形中与极点相连的辐射边两侧的相邻底角的余切函数之和,四边形中内辐射边两侧的相邻底角的余切函数之和,以及外侧的两辐射边的相邻底角的余切函数之差; 　　　i——三角形编号; 　　　m_{D}——测距中误差,mm; 　　　D——测距长度,km

附录 1.4　高程控制测量放线公式速查

高程控制测量放线公式速查见附表 1-4。

附表 1-4　高程控制测量放线公式速查

名称	公式速查
每千米水准测量的高差偶然中误差、每千米水准测量高差全中误差计算	水准测量的数据处理需要符合的规定 (1)每条水准路线分测段施测时,应按下式计算每千米水准测量的高差偶然中误差,绝对值不应超过相应等级每千米高差全中误差的 1/2

续表

名称	公式速查
每千米水准测量的高差偶然中误差、每千米水准测量高差全中误差计算	$$M_\Delta = \sqrt{\frac{1}{4n} \times \frac{\Delta\Delta}{L}}$$ 式中　M_Δ——高差偶然中误差，mm； 　　　Δ——测段往返高差不符值，mm； 　　　L——测段长度，km； 　　　n——测段数 （2）水准测量结束后，应按下式计算每千米水准测量高差全中误差，绝对值不应超过相应等级的规定 $$M_W = \sqrt{\frac{1}{N} \times \frac{WW}{L}}$$ 式中　M_W——高差全中误差，mm； 　　　W——附合或环线闭合差，mm； 　　　L——计算各 W 时，相应的路线长度，km； 　　　N——附合路线和闭合环的总数，个
高差较差的限值的计算	对卫星定位高程测量成果，应进行检验，检测点数不应少于全部高程点的 5%，并且不应少于 3 个点。高差检验可以采用相应等级的水准测量方法或电磁波测距三角高程测方法进行，高差较差的限值应按下式计算 $$\Delta_h = 30\sqrt{D}$$ 式中　Δ_h——高差较差的限值，mm； 　　　D——检查路线的长度，km

附录 1.5　地下管线测量与线路测量放线公式速查

地下管线测量与线路测量放线公式速查见附表 1-5。

附表 1-5　地下管线测量与线路测量放线公式速查

名称	公式速查
线路测量高程较差的限值	定测放线测量需要符合的规定：作业前，需要收集初测导线或航测像控点的测量成果，并且对初测高程控制点逐一检测。高程较差的限值，应按下式计算 $$\Delta_h = 30\sqrt{L}$$ 式中　Δ_h——高差较差的限值，mm； 　　　L——检查路线长度，km
地下管线探查——隐蔽管线点探查的水平位置偏差、埋深较差的计算	隐蔽管线点探查的水平位置偏差 ΔS 和埋深较差 ΔH 需要分别满足的公式的要求 $$\Delta S \leqslant 0.10 \times h$$ $$\Delta H \leqslant 0.15 \times h$$ 式中　h——管线埋深，m，当 $h < 1\text{m}$ 时，可按 1m 计； 　　　ΔS——水平位置偏差； 　　　ΔH——埋深较差

名称	公式速查
地下管线探查——采用重复探查或开挖验证的方法进行质量检验的规定计算	隐蔽管线的探查需要符合的规定——对隐蔽管线点探查结果，需要采用重复探查或开挖验证的方法进行质量检验，并且分别符合的规定计算如下 隐蔽管线点的平面位置中误差 $m_H = \sqrt{\dfrac{[\Delta S_i \Delta S_i]}{2n}}$ 隐蔽管线点的埋深中误差 $m_V = \sqrt{\dfrac{[\Delta H_i \Delta H_i]}{2n}}$ 式中 ΔS_i——复查点位与原点位间的平面位置偏差，mm； ΔH_i——复查点位与原点位的埋深较差，mm； n——复查点数

附录 2
经纬仪、全站仪错误代码与处理

附录 2.1 经纬仪错误代码与处理

附录 2.1.1 胜利 VICTOR871、VICTOR871 L 经纬仪错误代码

胜利 VICTOR871、VICTOR871 L 经纬仪错误代码见附表 2-1。

附表 2-1 胜利 VICTOR871、VICTOR871 L 经纬仪错误代码

出错代码	含义
E-302	垂直角近端异常
E-303	水平角近端异常
E-304	水平角远端异常
E-306	垂直角远端异常
E-108	补偿器异常
E-08	复测时｜当前测量值 - 平均值｜> 30°
E-09	复测次数超过 9 次

附录 2.1.2 科力达 DT 系列电子经纬仪及激光电子经纬仪错误代码

科力达 DT 系列电子经纬仪及激光电子经纬仪错误代码见附表 2-2。

附表 2-2 科力达 DT 系列电子经纬仪及激光电子经纬仪错误代码

出错代码	含义
Err 04	竖直光电转换器（Ⅰ）异常
Err 05	水平光电转换器（Ⅰ）异常
Err 06	水平光电转换器（Ⅱ）异常
Err 07	竖直光电转换器（Ⅱ）异常
Err 08	竖盘测量异常。可以关机后重新置平仪器，如果开机后若仍出现"Err 08"，则说明仪表可能需要维修
Err 20	竖盘指标零点设置异常
Err 21	竖直角电子补偿器零点超差。可以关机后重新置平仪器，如果开机后仍出现"Err 21"，则说明仪表可能需要维修

附录 2.1.3 科力达 ET 系列经纬仪错误代码

科力达 ET 系列经纬仪错误代码见附表 2-3。

附表 2-3　科力 ET 系列经纬仪错误代码

出错代码	含义
Err 01	水平盘测量异常。可以关机后再开机，如果仍出现"Err 01"，则说明仪表可能需要维修
Err 02	望远镜转动太快。可以按"V%"键，提示"V 0SET"后，指示竖盘指标重新归零
Err 03	照准部转动太快，可以按"0 SET"键清零
Err 04	竖直光电转换器（Ⅰ）异常
Err 05	水平光电转换器（Ⅰ）异常
Err 06	水平光电转换器（Ⅱ）异常
Err 07	竖直光电转换器（Ⅱ）异常
Err 08	竖盘测量异常。可以关机后重新置平仪器，如果开机后若仍出现"Err 08"，则说明仪表可能需要维修
Err 20	竖盘指标零点设置异常
Err 21	竖直角电子补偿器零点超差。可以关机后重新置平仪器，如果开机后若仍出现"Err 21"，则说明仪表可能需要维修

附录 2.1.4 博飞 DJD-C 系列经纬仪错误代码

博飞 DJD-C 系列经纬仪错误代码见附表 2-4。

附表 2-4　博飞 DJD-C 系列经纬仪错误代码

出错代码	含义
E01	垂直度盘指标差设置错误或超差
E02	补偿器零点设置错误或超差（水泡未敲平）
E03	视准差设置错误或超差（视准轴偏）
E04	写内存异常
E05	补偿器精度设置异常
E06	测角系统异常
E07	仪器照准部或望远镜转动过快（超过 4r/s）
E08	水平盘测角异常

附录 2.1.5 索佳 DT500/600 系列经纬仪错误代码

索佳 DT500/600 系列经纬仪错误代码见附表 2-5。

附表 2-5　索佳 DT500/600 系列经纬仪错误代码

出错代码	含义
E100	水平圆周转动太快而不能测量数值，再次指示水平圆周
E101	垂直圆周转动太快而不能测量数值，再次指示水平圆周
E114	不在倾斜补偿范围内（$-Y$轴的方向），再次整平仪器
E115	不在倾斜补偿范围内（$-X$轴的方向），再次整平仪器
E116	不在倾斜补偿范围内（$+Y$轴的方向），再次整平仪器
E117	不在倾斜补偿范围内（$+X$轴的方向），再次整平仪器

附录 2.2 全站仪错误代码与处理

附录 2.2.1 BTS-6082C（H、L）、BTS-6085C（H、L）系列全站仪错误代码与处理

BTS-6082C（H、L）、BTS-6085C（H、L）系列全站仪错误代码与处理见附表 2-6。

附表 2-6 全站仪 BTS-6082C（H、L）、BTS-6085C（H、L）错误代码与处理

错误代码	错误说明	处理措施
E03	垂直角测量系统出现异常	如果连续出现该错误信息，则该仪器需要修理
E04	水平角测量系统出现异常	如果连续出现该错误信息，则该仪器需要修理

附录 2.2.2 FOI F OTS 系列全站仪错误代码与处理

FOI F OTS 系列全站仪错误代码与处理见附表 2-7。

附表 2-7 FOI F OTS 系列全站仪错误代码与处理

错误代码	错误说明	处理措施
E01	测距系统内部异常	需要修理
E02	回光信号弱	重新照准
E03	内部通信异常	需要修理
E04	测距系统内部异常	需要修理
E05	望远镜照偏	重新照准

附录 2.2.3 瑞得 RTS-860 全站仪错误代码与处理

瑞得 RTS-860 全站仪错误代码与处理见附表 2-8。

附表 2-8 瑞得 RTS-860 系列全站仪错误代码与处理

错误代码	错误说明	处理措施
错误 01-06	角度测量系统出现异常	可以关机后再开机，看问题是否消除。如果连续出现该错误信息码，则该仪器需要修理
错误 31-36	距离测距系统出现异常	可以关机后重启，看问题是否消除。如果问题继续出现，则该仪器需要修理

附录 2.2.4 南方 NTS-300B/R 系列全站仪错误代码与处理

南方 NTS-300B/R 系列全站仪错误代码与处理见附表 2-9。

附表 2-9 南方 NTS-300B/R 系列全站仪错误代码与处理

错误代码	错误说明	处理措施
错误 01-06	角度测量系统异常	可以关机后再开机，看问题是否消除。如果连续出现该错误信息码，则该仪器需要修理
错误 31、错误 33	测距头异常	需要修理

附录 2.2.5　苏一光 OTS238/538 系列全站仪错误代码与处理

苏一光 OTS238/538 系列全站仪错误代码与处理见附表 2-10。

附表 2-10　苏一光 OTS238/538 系列全站仪错误代码与处理

错误代码	错误说明	处理措施
E01	测距系统内部异常	需要修理
E02	回光信号弱	重新照准
E03	内部通信异常	需要修理
E04	测距系统内部异常	需要修理
E05	测距内部冲突	重新照准或送修

附录 3
测量、放样记录表模板

附录 3.1 视距测量记录表

附表 3-1　视距测量记录表

日　　期：＿＿＿＿　天　气：＿＿＿＿　观测者：＿＿＿＿　记 录 者：＿＿＿＿

测站名称：＿＿＿＿　测站高程：＿＿＿＿　仪器高：＿＿＿＿　仪器型号：＿＿＿＿

测点	下丝读数 上丝读数 /m	视距间隔 /m	中丝读数 /m	竖盘读数 ° ′ ″	竖直角 ° ′ ″	水平距离 D/m	初算高差 h'/m	高差 H_1/m	测点高程 H_2/m

附录 3.2　测量放样记录表

附表 3-2　测量放样记录表

施工单位：

放样部位				桩号			
测站点		x		后视点		x	
		y				y	
检测点	设计		实测		偏差		
	x	y	x	y	x	y	备注
左							
中							
右							

简图：

测 点	设计转角	设计距离	实测转角	实测距离	备注

观测：　　　　　记录：　　　　　复核：　　　　　日期：

附录 3.3　施工测量放样记录表 1

附表 3-3　施工测量放样记录表 1

编号：

标段名称		施工单位	
单位工程		工程部位	

测量内容及结果	示意图：		

施工单位	测量：	前视：	后视：
	复核：	记录：	日期：

监理单位			
	监理工程师：		日期：

备注			

附录 3.4　施工放样测量记录表 2

附表 3-4　施工放样测量记录表 2

施工单位：_____　　　　　　　合同号：_____

工程名称			天气状况、温度		
里程桩号			测量日期		

测站点	坐标		后视点	坐标	
	X	Y		X	Y

放样点	位置名称	坐标			偏角	距离	备注
		X	Y	H			

示意图：

放样结果：

监理工程师意见：

监理单位：_____　　　　　　编号：_____

附录 3.5　施工放样测量记录表

附表 3-5　施工放样测量记录表

页码____共____页　　　　　　　　　　　　　　　　　　　　　　　　　编号：_____

项目名称		分部工程		施工单位							
合同段		分项工程		监理单位							
单位工程		工程部位		检验单位							
桩号范围		施工日期		测量日期							
仪器型号		仪器编号		平面精度			高程精度				

序号	测点或桩号	设计坐标 /m			实测坐标 /m			偏差 /m				倾斜度	
		X	Y	H	X	Y	H	ΔX	ΔY	偏位	ΔH	纵	横

计算单位 /m	编号		$X=$	$Y=$	$H=$	放样示意图
	编号		$X=$	$Y=$	$H=$	

自检意见		监理意见	

测量：_____　　　复核：_____　　　测量监理工程师：_____

附录 3.6　测量记录本

附表 3-6　测量记录本

测量日期：　　　　　观测者：　　　　前视者：　　　　　　　　　　第　　页
测量地点：　　　　　记录者：　　　　后视者：

仪器站	后视	水平角			边长 /m	高差 /m	后视高	最终值	后视高差	两次平均值	备注和草图
	前视	正镜	倒镜	平均值	后视端	后视	仪器高		边长		
		° ′ ″	° ′ ″	° ′ ″	前视端	前视	前视高		前视高差		

附录 3.7 参考水准测量记录表

附表 3-7 参考水准测量记录表

测量编号	后尺	上丝	前尺	上丝	方向及尺号	标尺读数		高差中数	备考
		下丝		下丝		黑面	红面		
	后距		前距						
	视距差 d		$\sum d$						
1					后 A				
					前 B				
					后-前				
2					后 B				A 尺: $K=$ B 尺: $K=$
					前 A				
					后-前				
3					后 B				
					前 A				
					后-前				

附录 3.8 水准测量记录表 1

附表 3-8 水准测量记录表 1

施工单位:＿＿＿＿＿＿＿＿＿＿＿ 测量:＿＿＿＿＿＿＿ 记录:＿＿＿＿

单位工程:＿＿＿＿＿＿＿＿＿＿＿ 天气:＿＿＿＿＿＿＿ 日期:＿＿＿＿

测点	后视读数	视线高	实测高程	设计高程	偏差 /mm	备注

附录 3.9   水准测量记录表 2

附表 3-9   水准测量记录表 2

承包单位：_____   合同号：_____

监理单位：_____   编　号：_____

工程名称：_____   工程部位：_____   检测日期：_____

测表__

测点	水准尺读数			视线高	高程 /m	设计高程 /m	偏差值 /mm	备注
	后视	中间点	前视					

观测：_____   计算：_____   复核：_____   测量专业监理工程师：_____

附录 3.10　水准测量记录 3

附表 3-10　水准测量记录 3

工程名称：＿＿＿＿＿＿＿＿＿＿＿＿＿＿＿＿＿＿＿＿＿
施工单位：＿＿＿＿＿＿＿＿＿＿＿＿＿＿＿＿　（共　页第　页）
监理：＿＿＿　技术负责人：＿＿＿＿　测量员：＿＿＿＿　记录：＿＿＿＿　＿＿＿年＿月＿日

里程桩号	后视	中视	前视	视线高程	实地高程	设计高程	高差	备注

附录 3.11　水准测量记录表 4

附表 3-11　水准测量记录表 4

测量人：＿＿＿＿＿＿＿＿＿
气候：＿＿＿＿＿＿＿＿＿＿　仪器＿＿＿＿＿＿＿＿＿
地点：＿＿＿＿＿＿＿＿＿＿　日期＿＿＿＿＿＿＿＿＿
测量目标：＿＿＿＿＿＿＿＿

测点	前视 /mm	后视 /mm	仪高 /mm	实测高程	设计高程
监理单位			施工单位		

附录 3.12 水准测量记录表 5

附表 3-12 水准测量记录表 5

_____公路工程项目

水准测量记录表   施工自检

承包单位：_____   合同号：_____

监理单位：_____   编　号：_____

工程名称：_____ 工程部位：_____ 检测日期：_____

测表__

测点	水准尺读数			视线高	高程/mm	设计高程/mm	偏差值/mm	备注
	后视	中间点	前视					

备注：

测量：　　　　　计算：　　　　　复核：　　　　　专业监理工程师：

附录 3.13 导线坐标计算簿

附表 3-13 导线坐标计算簿

名称部位：　　　　计算人：　　　　　　日期：　　年　　月　　日　　　第　页

点号	后视点 前视点	距离/m	转折角 (°′″)	方位角 (°′″)	ΔX	ΔY	X	Y	仪高	前视高	高差	最终高差	Z （实测）	Z （设计）	备注

附录 3.14 导线测量观测记录表

附表 3-14 导线测量观测记录表

测站	盘位	目标	水平度盘读数 (° ′ ″)	半测回角值 (° ′ ″)	测回平均角值 (° ′ ″)	备注

边名	测回平均距离读数 /m			
	第一次	第二次	第三次	平均值

注：角度取位至 1s，距离取位至 1mm。

附录 3.15 测回法测水平角记录手簿

附表 3-15 测回法测水平角记录手簿

测站	竖盘位置	目标	水平度盘读数 (° ′ ″)	半测回角值 (° ′ ″)	一测回平均角值 (° ′ ″)
	左	A			
		B			
	右	A			
		B			

附录 3.16　全圆法测水平角记录手簿

附表 3-16　全圆法测水平角记录手簿

测站	目标	水平度盘读数		2C /(″)	盘左、盘右平均值 /(″)	归零后方向值 (°′″)	水平角值 (°′″)
		左 (°′″)	右 (°′″)				

附录 3.17　测回法观测记录手簿

附表 3-17　测回法观测记录手簿

水平角观测记录手簿

仪器：_____　观测者：_____　天气：_____

观测日期：_____　记录者：_____　呈像：_____

测回数	测站	测点	盘左读数			盘右读数			2C=L-(R±180°)	L+R±180 / 2			一测回归零方向值			各测回归零方向平均值			备注
			/(°)	/(′)	/(″)	/(°)	/(′)	/(″)	/(″)	/(°)	/(′)	/(″)	/(°)	/(′)	/(″)	/(°)	/(′)	/(″)	
1	2	3	4			5			6	7			8			9			10

竖直角记录表

日期：_____年___月_日__　天气：_____　仪器型号：_____

观测者：_____　记录者：_____　立测杆者：_____

测站	测点	竖盘位置	竖盘读数			半测回竖直角			指标差 /(″)	一测回竖直角		
			/(°)	/(′)	/(″)	/(°)	/(′)	/(″)		/(°)	/(′)	/(″)
		左										
		右										
		左										
		右										
		左										
		右										
		左										
		右										

附录 3.18　工程定位测量记录

附表 3-18　工程定位测量记录

年　月　日

工程名称			测量示意图：
建设单位名称			
施工单位名称			
测量日期			
使用仪器			
水准点标高			详见附表
测量依据	标高		
	位置		
实际情况	标高		
	位置		

建设单位代表：　　监理单位代表：　　质量检查员：　　施工负责人：　　测量人：

附表

测量示意图：

建设单位代表：　　监理单位代表：　　质量检查员：　　施工负责人：　　测量人：

附录 3.19 　复测记录表

附表 3-19　复测记录表

_____复测记录表

日期：_____　天气：_____　气温：_____　气压：_____　仪器：_____　　第__页　共__页

测站仪高	测回数	测点号	水平角（°′″）					竖直角（°′″）				斜距左/m	平距左/m	斜距右/m	平距右/m	仪器高/m
			盘左	盘右	2C	半测回角值	一测回角值	盘左	盘右	指标差	平均值					
水平角			后视点竖直角		前视点竖直角			后视斜距		后视平距		前视斜距		后视平距		

测站仪高	测回数	测点号	水平角（°′″）					竖直角（°′″）				斜距左/m	平距左/m	斜距右/m	平距右/m	仪器高/m
			盘左	盘右	2C	半测回角值	一测回角值	盘左	盘右	指标差	平均值					
水平角			后视点竖直角		前视点竖直角			后视斜距		后视平距		前视斜距		后视平距		

观测：_____　记录计算：_____　复核：_____　前视：_____　后视：_____

附录 3.20　测量复核记录

附表 3-20　测量复核记录

年　月　日

单位工程名称		施工单位	
复核部位		测量复核人	
原施测人		仪器名称编号	
测量复核情况 （示意图）			
复核结论			

监理工程师：

年　月　日

附录 3.21　轴线及标高测量放线验收记录

附表 3-21　轴线及标高测量放线验收记录

共　页　第　页

工程名称		施工单位	
施测部位		施测日期	年　月　日
测量仪器及编号		检定日期	
施测人		复核人	

测量复核情况（简图）			
检查结论	项目专业技术负责人： 年　月　日	验收结论	总监理工程师： （建设单位项目专业技术负责人） 年　月　日

附录 3.22　GPS-RTK 施工放样测量记录表

附表 3-22　GPS-RTK 施工放样测量记录表

施工单位：　　　　　　　　　　　　　　　　　仪器型号：

项目名称						部位	
测点	设计坐标		实测坐标		ΔX/mm	ΔY/mm	示意图：
	X/m	Y/m	X/m	Y/m			
计算单位 /m	校验点：　坐标 $X=$　　$Y=$					精度评定：	
	复核控制点：　坐标 $X=$　　$Y=$						
点校验复核	ΔX（mm）=　　　ΔY（mm）=						

测量：　　　　　　复核：　　　　　　审核：　　　　　　日期：

附录 3.23　GPS 施工放样测量记录表

附表 3-23　GPS 施工放样测量记录表

施工单位：＿＿＿＿＿＿＿＿　　　　　　　合同号：＿＿＿＿＿＿＿＿

监理单位：＿＿＿＿＿＿＿＿　　　　　　　编　号：＿＿＿＿＿＿＿＿

里程	点名	设计 X	设计 Y	设计 H	放样 X	放样 Y	放样 H	天线高	水平精度	垂直精度	ΔX	ΔY	高差	横偏

放样结果：

监理工程师意见：

测量：　　　　记录（计算）：　　　　复核：　　　　日期：

附录 3.24　全站仪测量记录

附表 3-24　全站仪测量记录

工程名称：＿＿＿＿＿＿＿＿＿＿＿＿＿＿＿＿＿＿＿＿＿

施工单位：＿＿＿＿＿＿＿＿＿＿＿＿＿＿＿＿＿＿＿＿＿　（共　页第　页）

监理：＿＿＿　技术负责人：＿＿＿　测量员：＿＿＿　记录：＿＿＿　　年　月　日

里程桩号	测站点号	方位角	平距	高差	棱镜	仪高	测点高程	设计高程	X 坐标值 Y 坐标值	备注

附录 3.25 二等、精密水准测量记录表

附表 3-25 二等、精密水准测量记录表

测自_____ 至_____   _____年___月___日   时刻 始:___时___分 终:___时___分
仪器_____   成像_____   扶尺_____

测站编号	视距		方向及尺号	标尺读数		两次读数差	高差中数	备注
	后视 前视 视距差 d $\sum d$	后视 前视 视距差 d $\sum d$		一次	二次			
			后					
			前					
			后－前					
			后					
			前					
			后－前					
			后					
			前					
			后－前					
			后					
			前					
			后－前					
			后					
			前					
			后－前					
			后					
			前					
			后－前					
			后					
			前					
			后－前					
			后					
			前					
			后－前					

司镜:_____   记录:_____   计算:_____   复核:_____

附录 3.26　横断面水准测量记录

附表 3-26　横断面水准测量记录

工程名称：＿＿＿＿＿＿＿＿＿＿＿＿＿＿＿＿＿＿＿＿＿＿＿＿＿＿＿＿＿＿＿＿

施工单位：＿＿＿＿＿＿＿＿＿＿＿＿＿＿＿＿＿＿＿＿＿＿＿　（共　页第　页）

技术负责人：＿＿＿＿　测量员：＿＿＿＿　记录：＿＿＿＿　　年　月　日

里程桩号	塔尺读数			视线高	实地高程	横断面记录		
	后视	中视	前视			左	中桩	右

附录 3.27　开挖及基础处理测量记录表

附表 3-27　开挖及基础处理测量记录表

工程名称：＿＿＿＿＿＿＿＿＿　施工日期：＿＿年　月　日　单元编号：＿＿＿＿

测点	后视	视线高	前视		高程				宽度				备注
			转点	中间点	实测高程/m	设计高程/m	偏差/cm		实测宽度/m	设计宽度/m	偏差/cm		
							允许值	实测值			允许值	实测值	

仪器：　　　　测量：　　　　记录：　　　　复核：

附录 3.28　管道纵断面水准测量记录手簿（表）

附表 3-28　管道纵断面水准测量记录手簿（表）

测站	测点	水准尺读数 /m			视线高程 /m	高程 /m	备注
		后视	前视	中间视			
I							
II							
III							
…	…	…	…	…	…	…	…

附录 3.29　管道工程施工测量记录

附表 3-29　管道工程施工测量记录

编号：＿＿＿＿＿＿＿　　　　　　　　　　　表＿＿＿＿＿

	工程名称		施工图号	
	施测部位		施测仪器	

定位测量记录	图示或说明：
工程复测记录	图示或说明：

技术员		监理工程师：
施工员		
质检员		
施测员		年　月　日

附录 3.30 桥改造工程测量记录表

附表 3-30 桥改造工程测量记录表

测量记录表

施工单位：_____   合同号：_____

监理单位：_____   编 号：_____

施工部位				测量日期		
点号或桩号	后视	中视	前视	高程	设计标高	备注
BM						

观测：   复核：

附录 3.31　公路施工测量放样记录表

附表 3-31　公路施工测量放样记录表

_____公路_____段_____连接线施工放样测量记录表

承包单位：_____　　　　施工标段：_____

监理单位：_____　　　　编　　号：_____　　　第　页　共　页

工程名称			分部（分项）工程名称			图号		测量时间		
桩号	设计坐标 /m		实测坐标 /m		差值 /mm		高程 /m			备注
	X	Y	X	Y	X	Y	设计	实测	差值	

测站点：　X：　　　Y：　　　H：　　　　　后视点：　X：　　　Y：　　　H：

测量：　　　　　　　　　　　　　记录：　　　　　　　　　　　计算：

承包人技术负责人：　　　　　　　监理：　　　　　　　　　　　日期：

附录 3.32　高速公路联测量记录表

附表 3-32　高速公路联测量记录表

承包单位：_____　　　　施工标段：_____

监理单位：_____　　　　编　　号：_____　　　第　页　共　页

点号	座　标		高程	里程范围：　　　　　　　　　日期		
	X	Y	H	联测示意图：		

测站点　X：　　　Y：　　　H：　　　　　后视点　X：　　　Y：　　　H：

测量：_____　　　　记录：_____

承包人技术负责人：_____　　　监理工程师：_____　　　日期：_____

附录 3.33 铁路、公路水准测量记录

附表 3-33 铁路、公路水准测量记录

水准测量记录

地点：_____ 日期：____年__月__日 观测者：_____
测线：_____ 天气：_____ 记簿者：_____

点号	后视	视线高	间视	前视	高程
备注					

计算：   复核：

附录 3.34　建筑工程竣工测量记录表

附表 3-34　建筑工程竣工测量记录表

工程名称		测量单位		施测日期	
建筑物标高、全高			建筑物位置		
水准点名称		点号	纵坐标	与邻近建筑物名称	
			横坐标	距离	
水准点标高					
建筑物标高 ±0.00					
建筑物全高					

建筑物高度、层数、位置及单位尺寸实测数据示意图:

参加 人员	监理(建设)单位	施工单位	
		施工技术负责人	施测人

附录 3.35   建筑工程地面高程测量记录表

附表 3-35   建筑工程地面高程测量记录表

工程名称				
工程地点			测量日期	
基准点 / 临时水准点编号及高程				
管道起止桩号				
桩号	设计图现状地面标高程	实测地面塔尺读数	实测地面高程	实测高程与设计图高程差值 /mm
测量人签字			复核人签字	

附录 3.36   建筑工程定位测量检查记录表

附表 3-36   建筑工程定位测量检查记录表

共__页   第__页

工程名称		测量单位	
图纸编号		施测日期	
坐标依据		复测日期	
高程依据		闭合差	
测量仪器	仪器名称:	检定证书编号:	

定位抄测示意图:

施工单位	项目技术负责人	测量负责人	复测人	施测人	监理（建设）单位	监理工程师（建设单位项目专业技术负责人）

附录 3.37　建筑工程水准测量表

附表 3-37　建筑工程水准测量表

日期＿＿＿＿＿＿＿＿＿＿＿＿＿＿＿＿＿　　　　观测＿＿＿＿＿＿＿＿＿＿＿＿＿＿＿＿

天气＿＿＿＿＿＿＿＿＿＿＿＿＿＿＿＿＿　　　　记录＿＿＿＿＿＿＿＿＿＿＿＿＿＿＿＿

测站	测站	水准尺读数 /m		高差 /m		高程 /m	备注
		后视	前视	+	−		
检核							

附录 3.38　园林绿化工程测量复核记录

附表 3-38　园林绿化工程测量复核记录

园绿施管＿＿＿＿＿

工程名称		施工单位	
复核部位		复核单位	
测量复核情况（草图）			

附图：

测量人：

监理复核意见

监理：＿＿＿＿＿＿

＿＿年＿月＿日

附录 3.39　绿化工程施工放样记录表

附表 3-39　绿化工程施工放样记录表

_____公路绿化工程施工放样记录表

承包单位：_____　　　　　合同段：_____

监理单位：_____　　　　　编　号：_____

工程名称							测量范围		
测站点号：		X：		Y：		后视点号：		X：	Y：

测量点号	设计 X 坐标	设计 Y 坐标	设计高程 /m	株距 /m		行距 /m		点位示意图：
				设计值	实际值	设计值	实际值	

若不便用坐标表示，只画出相应图示即可

注：互通区、隧道进出口平地、超填及超挖平地填写此表。

检测负责人：_____　　检查人：_____　　记录人：_____

附录 3.40　市政工程测量记录表

附表 3-40　市政工程测量记录表

工程名称：_____　　　　桩号：_____

测量部位：_____　　　　测量日期：_____

桩号	仪高 /m	后视 /m	前视 /m	实测高程 /m	设计高程 /m	导线点 /m	备注

测量人：_____　记录人：_____　复核人：_____　专业监理工程师：_____

附录 3.41 市政桥梁竣工测量记录

附表 3-41 市政桥梁竣工测量记录

工程名称										
建设单位				勘察 / 设计单位						
施工单位				监理单位						
施测位置										

主控项目	1	桥下净空不得小于设计要求		设计要求				实测值		

			允许偏差/mm	应测点数	实测偏差 /mm					
					1	2	3	4	5	6
一般项目	1	桥梁轴线位移	10							
	2	桥宽 车行道	±10							
		人行道								
	3	长度	+200 −100							
	4	引道中线与桥梁中线偏差	±20							
	5	桥头高程衔接	±3							

施工单位自检结论	技术负责人： 项目经理： 年　月　日
监理单位复检结论	监理工程师： 总监理工程师： 年　月　日

增值资源汇总

 视频

塔尺	水准仪的操作与使用 1	水准仪的操作与使用 2
全站仪的操作与使用 1	全站仪的操作与使用 2	全站仪的操作与使用 3
全站仪的操作与使用 4	水准点	

 资料

经纬仪常见符号与功能	测量放线工模拟试题（判断题）与参考答案	测量放线工模拟试题（选择题）与参考答案
测量试题与参考答案一	测量试题与参考答案二	

参 考 文 献

［1］ GB 50026—2020.工程测量标准.
［2］ GB 55018—2021.工程测量通用规范.